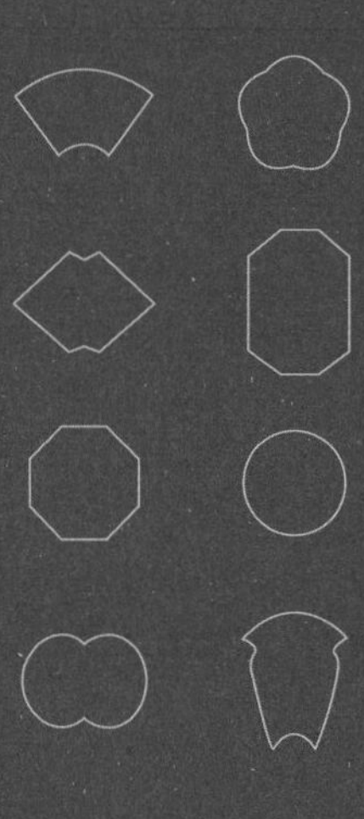

U0262816

苏州传统民居营造探原

张泉　俞娟　谢鸿权　徐永利　薛东　等著

中国建筑工业出版社

编写组人员名单：

张　泉　俞　娟　庄建伟

嵇雪华　殷景文　汪志琦

吴凤婷　瞿　希　徐　斌

郭烨雯　张　帆　谢鸿权

徐永利　那明祺　马皞箐

刘　露　薛　东　吴美华

金群佳　姚明东　郑爱芬

目录

第二章

苏州传统民居布局特征

第三章

大木作

第四章

装折

第五章

水作

第六章

砖木石雕

第七章

油漆彩画

第八章

材料工艺

绪言

苏州——江南鱼米之乡，人文荟萃之地，灿烂吴文化的中心区域。春秋以降，名人辈出、名家林立、名艺蓬勃、名品栉比。苏州深厚广博的传统文化举世赞誉，丰富独特的历史文化遗存世所珍惜。作为我国第一批历史文化名城之一，拥有着数量众多的世界文化遗产，还有遍布古城苏州内外的中国南方最为量大质优的建筑遗存，这些都反映了苏州历史文化的价值和地位。早在20世纪80年代国务院就要求“全面保护苏州古城风貌”，进入21世纪，国家又授予苏州“国家历史文化名城保护示范区”这个全国唯一的称号，更加说明了苏州名城、古城的价值和独特性。

所有这些，无论是独特的文化价值还是举世青睐的赞许，是颂扬过往的荣誉还是展望未来的要求，是当代的历史责任还是面临的切实困难，都立足于一个重要基础——古代传统民居。传统民居是苏州传统文化的重要组成部分，也是其特色空间载体、孕育滋生之地、兴盛繁华之由。因此，保护苏州传统文化、保护好苏州古城，就必须保护好苏州传统民居。

自1929年中国营造学社成立，中国学术界对古代传统建筑的研究明确注入了现代科学的眼光和知识，对苏州各类古建筑的研究当然也不例外。传统民居方面，刘敦桢先生在20世纪50年代出版的第一部系统的住宅研究著作中举例苏州小新桥巷刘宅。潘谷西先生结合《营造法式》与江南建筑的关系研究，在五六十年代即研究了苏州园林中的宅邸，改革开放后组织带领团队研究了苏州东西山的明代民居，为苏州传统民居研究明确了建筑技术方向和框架，奠定了坚实的学术基础，这些成果多已收入到潘先生领衔著述的《中国古代建筑史》的元明卷中。期间众多前辈、先行，或全面或侧重，或专门或涉及，或从建筑或从建造的角度，成果汗牛充栋，观点百花齐放。其中不少都为本研究提供了宝贵的启示和良好的起点。

经过近三十多年来坚持不懈的努力，苏州历史文化名城从布局结构到各级文物都得到了良好的保护，对传统民居保护也进行了不同方式的实践。但传统民居面广量大，利用方式古今有别；而且建筑质量参差不齐，不少房屋亟须除险排危或全面修整才能延续存在。正确修整、科学利用传统民居，是当前苏州，也是我国历史文化名城保护技术工作普遍面临的重点、难点问题。因此，进行苏州传统民居专题研究，是苏州历史文化名城保护工作的迫切需要。我们针对苏州传统民居进行了专题系统研究，以期服务于这个迫切需要。

综览以往对苏州传统民居的研究，多为某个方面或侧面，从社会科学角度进行研究或探讨。即使如《营造法原》这样的奠基性专著，因其著述年代的科学方法特点，且是为当时营造业内服务，其所载做法的具体细节可由匠师发挥，因此很多具体习惯做法未作表述，在准确性、特征性等方面存在一定的历史局限性。南京工学院（现东南大学）、同济大学开展了民居方面的许多调研工作，调研对象优先重点选取大型、精美民居。除了建立可贵的测绘资料档案外，这一阶段的工作还主要从建筑设计角度建构了苏州民居研究的分析框架与工作方法，是苏州传统民居现代研究的重要奠基与示范。

目前，苏州传统民居的保护工作日益受到重视，已成为古城保护的重点，也是难点所在，迫切需要从建造操作层面的深度解决好科学保护、合理利用的技术保障。尤其是对传统民居中体现苏州特色的细部做法，如果没有深入的研究和准确的把握，就不可能避免保护上的“走样”（此类情况目前已经普遍出现），甚至可能会全面畸化而丧失原真性。同样，如果没有对民居空间和民居建筑群所蕴含丰富文化的全面理解，保护的相关建筑只会是一副僵化的躯壳，对其利用也难以有恰当的文化内涵呼应。

对于苏州传统民居的物质特征，我们不仅要关注结构的轴线，还要重视构造的边线；不仅要关注直线的表达，还要重视曲线的定形；不仅要关注建材的材质，还要重视成品的材色。苏州传统民居的文化价值远不只是单纯的建筑实物，对此我们还需深入挖掘、系统梳理，不仅要从建筑设计角度，也应该从规划、建造、材料乃至社会、经济、文化等各个相关角度，在前辈、先行已经取得的成果基础上，进行更为准确、系统、全面的研究工作。

对传统民居进行专题研究，必须弄清传统民居特色文化的主体。针对苏州传统民居可支撑研究的物质、非物质遗存的实际状况，苏州传统民居特色文化的主体是“明清民居”。

苏州大规模营建活动至少可以追溯到春秋的阖闾吴国时期，历经千年而具“天堂”之美号，史载至唐宋仍有许多重要营建，现存玄妙观三清殿就是南宋遗构。可惜由于潮湿的江南气候，以及元代以来的历次战乱，宋元以前的民居实物基本无存，斯时盛况只能半枝片叶地见之于画卷、文献、碑刻，无法支撑从现代工程科学技术角度的研究。

现存苏州传统民居以明清时期为主，类多量大、分布面广，为研究的准确、系统、全面提供了必要的实物基础。从建筑艺术发展的角度看，明清也正是传统民居艺术达到顶峰的时期，把明清民居研究清楚，可以对传统民居研究起到“一览众山小”的作用。从社会文化生态的角度看，类型众多、规模不等、地形各异的大量传统民居也正是了解探究明清相关社会文化的难得实物。

苏州古城中也有不少建于民国和清末时期的西式住宅，多为独立式小楼或自带花园的别墅，其中不乏美宅、精品，亦可反映清末民初的一股潮流。本书研究不包括这部分内容，主要原因有三：一、西式小洋楼主要不是苏州本土传统；二、论其外形、布局、空间、结构、用材等，都与苏州传统民居的关联度、可比性不大；三、其多为钢筋混凝土结构，建设年代不长，现存质量尚可，可待另行专题研究。

建筑离不开匠师的劳动，建筑文化特点也与匠师的文化特点密切相关。能够形成地域广泛普及、数百年持续传承的建筑特色，当然也离不开在水平、规模等各个方面能够与之相应的建筑匠师群体。苏州传统民居（包括苏式建筑）是“香山帮”的创作。

苏州自古以来经济发达、社会繁荣。丰富的发展需求、悠久的演化历史、富饶的艺术土壤、杰出的技艺大师，共同构成了众多领域“苏式”、“苏派”创生的历史画卷，“苏式建筑”即是这幅画卷中浓墨重彩的一笔。

建筑技艺方面，苏州自春秋以降历经一千多年发展，“至南宋时，在太湖之滨的香山，正式形成了有组织、有规模、技艺祖辈相传的香山帮工匠”（《苏州香山帮建筑》崔晋余主编）；到了明代，“香山帮”已进入极盛时期，名闻天下。“香山帮”对当时古建筑领域所有技艺实现了全覆盖，砖瓦都是当地烧制，石料也是当地开采，木料虽多来源但都是苏州工匠制作完成。香山帮建筑技艺一脉相传，自成体系，是我国珍贵的非物质文化遗产，是明清苏州地区所滋养的技术与艺术的高度成就。

明清苏州的社会条件为“香山帮”的发育提供了良好环境。首先，苏州府是明清两代全国最富裕地区，经济社会繁荣发展带来巨大的建设需求，为香山帮磨炼和施展技艺提供了大量机会；其次，香山帮立足于文化发达、艺术兴盛、手工业高度繁荣的苏州太湖之畔，有优良广泛的人力资源；同时，良好的营造技艺传承机制，比如宗族制度、工匠制度，也是“香山帮”技艺得以传承的重要因素。与西方的建筑师制度不同，中国古代工匠主要是家庭式师徒传承。今天看来，这种传承方式或许存在固化乃至僵化的隐患，但同时也应看到它对营建技艺形成地域特色的积极作用，才能取其精华用于传统民居的科学保护。因此，保护传统民居、传统文化，必须明其特、溯其源，不可南花北栽、东艺西饰、张冠李戴。

在苏式建筑与周边地域的关系方面，某些研究认为徽州建筑影响苏州建筑。在研究中我们注意到：与源自春秋吴都、一脉相传的“香山帮”相比，徽州地区春秋属吴，北宋末年才设徽州之治；徽州建筑体系中既列举不出可与以技艺和贡献成就而官至工部侍郎的蒯祥（木工为主）、陆祥（石工为主）等“香山帮”系列性大师们比肩甚或近似的名匠，也没有计成、文震亨、姚承祖这样的主持造园建宅并作出理论总结的名士学者、文人大匠，更没有《园冶》、《长物志》、《营造法原》等古今流传、影响广泛的建筑文典。而且，兴盛于明清时期的徽帮团体，主要戮力于商业、金融方面影响巨大，雄厚经济实力支撑下建造活动自必频繁，但其对建筑流派、匠帮形成的贡献难有扎实史料确证。如果仅从两地建筑形态的类同立论，是否有发达了的徽商聘请苏州匠师回徽州老家营建住宅的可能？其实古代即有“江南木工巧匠皆出于香山”[1]的说法！明万历年间，南京鸿胪寺正卿王士性（1547—1598年）也认为：“姑苏人聪慧好古，亦善仿古法为之……苏人以为雅者，则四方随而雅之；俗者，则随而俗之。其赏识品第本精，故物莫能违。”生动地概括了苏州在技艺风雅方面的追求和对周边广大地区的影响。

基于实物调查、前人成果和苏州市全国第三次文物普查的传统民居资料，本书对苏州传统民居作了全面的系统梳理，对从规划布局、单体形制、匠作系统到很多具体细节方面都进行了深入的理论探索，并提出了自己的观点。主要有以下几个方面。

首先，在探究传统民居建筑形态、空间形式等物质性特点的同时，本研究拓宽建筑学专业和规划建设行业中研究、保护传统民居的习惯视野，努力尝试探索其形成缘由，即物质形式和特点的内在推动力，包括经济、地理、气候，尤其是社会生态方面的影响分析；并通过比较、印证相关领域的研究成果和观点，从传统民居规划建设的专业角度，提出了相关观点或结论，为苏州传统民居的全面、完整保护和合理利用提供了科学依据。

其次，开创性地对苏州传统民居户型（建筑群）进行了系统的科学分类探索。

《营造法原》将苏州传统建筑单体“因规模之大小、使用性质之不同，可分为平房、厅堂、殿庭三种”；平房二层称楼房，厅堂有楼则称楼厅；民居除不用殿庭外，由各式单体建筑组合而成。

这样的分类是基于物质角度、建造角度，如果要反映社会形态、文化特点，主要还应从规划角度进行户型分类。考虑建设规模、建筑形制，加上地形、环境、组合关系等具体条件，各种户型的总平面布局形态不可胜数，现存明清民

1 出于《皇明纪略》，作者为皇甫录，长洲（今苏州市）人，字世庸，号近峰。明弘治进士，官至顺天知府，该书纪正德以前明朝史事，有的系委巷之传闻。

居实际情况就是如此。但对传统民居建筑群类型划分以什么为依据？具体如何划分？道理何在？对上述问题，在本研究之前，尚未看到有相关研究和书籍作出有针对性的、深入系统全面的分析与梳理。

本研究以苏州市第三次全国文物普查“不可移动文物名录”资料为基础，立足于对苏州明清民居广泛的了解和系统的分析比较，从众多民居建筑与组合的丰富变化中，透过不同的具体物质表象探寻其非物质的内在实质及其规律性，提出了以“进”、“路”分类及其方法，并进行详细剖析。而正是通过对传统民居总平面的分类分析，才能深刻认识明清社会的礼制秩序、经济状况、日常生活、业态繁盛等社会状况在民居载体上的投射。

第三，苏州传统民居的特色体现在哪些方面、如何体现，是保护中操作、利用中弘扬、观赏中品味的基本问题。在研究确定苏州传统民居分类的基础上，进一步综合考虑民居规模、空间关系、生活礼仪、建筑形态、建造质量、艺术水平等多种要素，也就是物质基础和社会生态对空间形式与内涵的综合影响关系，提出“代表型民居”的概念，并对“代表型民居”进行了系统深入的研究和阐述。在建造质量、艺术水平、社会礼制、文化倾向等诸多要素的融合展现方面，五进民居最广泛、最集中地代表了苏州传统民居的特色。

第四，对苏州传统民居基本形制与明清民宅“三间五架”制度的关系提出了逻辑性论点。

本研究在对苏州传统民居的基本形制进行归纳梳理时发现：苏州明清时期的民居建筑单体面宽，规模小、进数少的（一般不超过三进）基本都是三间，四进及以上的多有五间（现存五间而仅两三进的进落已不完整），而且往往都有轩。这样的形制，以及“间”、“开间”的不同称呼（目前业内和社会都视为同义：“开间”即“间”），应当与明清两朝舆服制度所规定的民宅不允许超过“三间五架”、但单体数量不限的制度有重大的直接关系。

笔者认为：通过定义南向对外设门为“开间”的概念与“间”模糊的灵活变通，即以三开间（开间侧为不对外开门的梢间，实际为五间）对应朝廷制度的“三间”，以规避“三间”的限制，五间的厅堂外部可见的屋脊往往只做当中三间的正脊、两边梢间做插脊与正脊断开的做法即是佐证；通过“轩”的架构加大房屋进深，但在进深方向上分隔成两个以上、大小不同、高低相错的内面屋顶，使可见的室内每个屋顶下的梁架都能符合民宅不超过“五架”的规定（现存实物中单体建筑总进深很多六架以上甚至九架）。

“轩”的设置位置多处，有内轩、外轩、前轩、后轩，或数处并置，是苏州传统民居在封建礼仪制度限制下的创新思维，也是苏州传统民居拓展和丰富室内空间的重要手段。

第五，明确了苏州传统民居的明式与清式在做法、用材方面的主要区别。

对苏州传统民居的研究，习惯上将明清作为一个共同的时段而没有关注其区别。因为历经数百年的风雨，以及民居易主等因素，传统民居多经修整、拓改乃至翻建，而且往往缺乏可靠的历史记载，尤其对明末清初之物不能武断界定为明代或清代。但明清两朝历五百多年，其间的规范一朝改变、建材品种不同、工艺逐步演化等自有差异。就苏州民居的现实细节而言，在许多特征做法上存在时代的区别，一些特点还有显著的朝代差异。因此，要正确保护传统民居特点，就必须关注明代住宅和清代住宅的具体不同做法。

本研究因未采用碳14检测等精确的年代测定方法，故只对通过其他证据或方法能够确定的分为“明代”、“清代”；不能确定其具体准确年代的实例、做法，则以明清两代民居做法的主流特点区分、以清《工部工程做法则例》施行为时代分界，称之为“明式”、“清式”。

明清特征区别产生的原因主要有以下三点：一为建筑材料变化，如明代基本用本地石灰岩质的青石，清代因青石资源耗竭而多用本地富有的花岗岩质的金山石（主产于当地金山）；明代梁桁柱较粗，清代大料难求。二是明代至清初多沿袭宋《营造法式》做法（该书不少内容是香山帮技艺，南宋时即在苏州重新刊印），当然有一定演变，清雍正年间《工部工程做法则例》出台施行，很多做法产生了普遍性、规范性改变。三因建筑结构、艺术审美、建造技艺传承的时代变迁。

本研究针对主要可视部分、体现重要特征、基本可以确认的明清主流做法区别所在，诸如屋面坡形、砖搏风、彩画、石柱础等，从材料、形态及内涵等方面，作出了分析论证。

第六，对苏州传统民居的部分常用名词术语进行了优化校正。

传统建筑营造的术语表达，其源头主要是匠作体系业内用语，地域差异十分明显，科学性、逻辑性亦存不足，帮派性、民俗性、时代性叠加使其更显杂乱，而与学术界整理的术语系统多有不同，甚至存在一定偏差，影响了现代科学意义层面的准确表述和一致理解。

我们以《营造法原》和《苏州香山帮建筑》等前人的成果为基础，围绕本研究应用定位，梳理一些常用术语名词的学名、行名、俗名之间的对应关系，力图探索出既不违背苏州传统习惯，又能与现代术语原则相协调的见解，以达到民俗价值与科学价值的较好结合。

第七，深化、完善了传统建筑保护的方法系统和标准准则。

由于古代科技能力、技艺传承制度、社会交流水平等原因，传统建筑存在时代、地域、帮派乃至匠师个体的印记。用现代社会大工业生产的标准来衡量，这些印记都是不规范的。而恰恰是这些“不规范的印记”构成了古建筑的时代特征、地方特色、帮派特点。因此，这些“不规范的印记”，应该纳入并优化完善古建筑保护的规范，只有保护好这些“不规范的印记”，才能保护好历史遗存的原真性。

随着时代变迁和现代工艺体系的冲击，传统营建体系的做法规范已经不受重视，而“不规范的印记”更没有得到应有的关注和研究，现代大工业式建筑规范的一些内容、做法、规则，对应该强调个性的具体古建筑保护而言可能有一些需斟酌之处。加之当前古建筑保护工作某些欠妥的组织方式，如专艺普用、设计施工脱节、低价中标等，客观上给古建筑保护的文化原真性带来了难以挽回甚至是无可挽回的不良影响。

我们在苏州传统民居研究工作中，对其相关影响原因力求全面分析，对其重要构成要素分类系统梳理，对其地方时代特色深入比较论证，对其特征细部做法准确图文阐述。并在此基础上提出了“苏州传统民居保护的规划技术要点”，内容涵盖从总平面布局、单体建筑直至构件特征、色彩等各个层次，以满足传统民居保护规划、保护设计、材料准备、维修施工等各个层次工作的需要。

作为针对“国家历史文化名城保护示范区”的一项研究成果，我们也希望对其他传统民居和历史文化保护工作能起到一些借鉴作用。

第一章

明清苏州概况与民居基本特征

第一节 苏州的地理、气候特点

苏州地处江苏省东南部，东濒上海，南邻浙江，西拥太湖，北枕长江，全市面积约8500平方公里。苏州整体位于北亚热带湿润季风气候区，温暖潮湿多雨，四季分明季风显，春秋季短冬夏长。

一、水的特征——水网苏州

苏州全市境内以低平地势为主，湖泊、河流遍布，大小湖泊三百多个，河道两万余条，水域面积占全市总面积十分之四以上，密布的水网为农业灌溉、水上交通提供了众多便利。苏州陆地平均海拔3~5米，常年平均水位2.88米，陆地与水面较为贴近。无论是乡村聚落中常见的蜿蜒水道，还是城市空间内与陆上街巷共同构成独特双棋盘格局的水网，都是苏州传统民居依凭的生息环境。与此相应，传统民居依水为家，在广用舟楫、抵御洪涝、建筑防水、引水作园、临水置景等众多方面，形成了独具匠心的苏州特色。

二、风的特点——风雨江南

苏州季风更替明显，其中冬季受北方冷高压控制，西北风及东北风占到一半以上；春季是冬夏季风转换季节，盛行风向为东南风，约占三分之一；夏季受副热带高压等作用，东南风的频率约占一半；秋季是夏季风与冬季风交替季节，但是由于冬季风往往来得迅速，且稳定维持，因而秋季盛行风向也接近冬季。此外，海陆之间的热力差异引起的局部地域性风环流也影响到苏州，一日之间，往往风向有所变化，尤其是在晴天，俗语“早西夜东南，天晴”就是指这种情况。

苏州为多雨之地，年平均降水量1000多毫米，降水日达到全年的三分之一。而一年中又以六月份降水量及降水日为最多，常年平均月降水量约有160毫米，约有13天为雨天；而最少的十月份，降水日为7～8天；十二月份降水量则仅为40毫米左右。夏季的雷阵雨有时会伴随强风，形成暴风骤雨。

这样的气候特点，在形态、朝向、构造等方面必然地影响造就了苏州传统民居朝阳遮阳、通风避风方式的选取，及其与风雨交织和谐共生的特点。早在宋代就吟咏作“一川烟草、满城风絮，梅子黄时雨”的江南风情，即反映了苏州传统民居审美的一种意趣所在。

三、季节特性——冷暖兼适

根据气象学者研究，苏州地区明清时期的气候，要比有气象记录以来的气候相对寒冷[1]若干摄氏度。根据近年来的气象记录，苏州市年平均气温为15.7℃，一年之中，七月份最热，平均气温约为28.2℃，一月份最冷，平均气温约为3.0℃，气温的平均年较差为25℃左右，总体来说，一年之中有过半天数的气候自然适宜。

苏州的盛夏，一般在七月份出梅后就到来，平均最高气温32℃，每年夏季都有日最高气温高于35℃的酷暑天气。而气压的年变化规律与气温的年变化正好相反，在最热的七月份，也是全年气压最低的时段，交织作用下，令人燥热气闷。

冬季苏州寒冷少雨，平均气温4℃左右，最低气温约1℃。一月中下旬为全年最冷时期，平均气温约为3℃，平均最低气温0℃以下。

闷热的夏季，湿冷的冬季，可以说是苏州气候的两大典型特征。因此在苏州传统居住习惯中，进落通透布局以利获得“穿堂风”，常用楼厅设置卧室，鸳鸯厅南北两厅对应向阳与遮荫，清凉的青砖地面与保温的架空木地板等布局或构造处理，以及调适“心静自然凉”的庭院绿化与山水小园景观等，这些常用做法是因气候特点而生的基本特征。

第二节 明清苏州的居民

一、居民的特征

1. 明清时期的苏州人口概况

明代，苏州人口的整体发展较为滞缓。明朝初年，为加强国家统治、开发边远地区，实行戍边屯田制，先后在全国范围内多次进行大规模的人口迁徙，其中洪武三年、洪武二十二年、洪武二十四年、永乐元年，都有苏州人口大批北迁的记载，加之洪武年间苏州连年遭受旱涝灾害，所以人口发展缓慢。到了明中叶，朝政日趋腐败，豪强地主大量兼并土地，出现大批失去土地的流民，也造成流民户口的严重隐漏。虽然明朝国祚长达200 余年，苏州府的辖县数大体未变，户数也有增无减，但登记口数却长期徘徊于200万左右。[2]

明初人口北迁等事件，重创了苏州的经济，城市一度"道里萧然、生计鲜薄"，直到成化之后方明显改善。而在经济恢复与发展的过程中，得益于得天独厚的地理便利、繁荣发达的工商业，苏州很快又成为江南地区乃至全国的商业中心与经济中心，地位犹如今日的上海，而当时的上海（松江）是作为苏州商业贸易的产品生产地，时谚"布店在松、发卖在苏"正是当时两城关系的写照。

到了明清之交，由于易代之际的战乱，苏州流离迁徙者众多，人口骤减；清军进入苏州城期间的屠杀行为，更是加剧了清初苏州人口的下降趋势，直至康熙朝的后期，苏州人口方才逐渐回升。

整个清代苏州人口逐步增长，特别在乾隆、嘉庆两朝，是苏州人口猛增的一个重要历史时期。康雍乾三朝的经济政策，以及户籍制度的整顿，都有效地刺激了隐匿户口的入籍。在乾隆六年起用的无论男女老幼一律计数的新人口统计方法下，随着乾隆、嘉庆两朝苏州经济异常繁荣，苏州人口数量骤增。嘉庆十五年（1810年），苏州府的人口突破300万，仅吴、长、元三县人口就达163万左右；十年之后，苏州府总人口又翻了一番，增至近600万，吴、长、元三县人口已达300万左右，达到古代时期苏州人口的顶峰[3]。

---

1 参见：竺可桢．中国近五千年来气候演变的初步研究//竺可桢文集．北京：科学出版社.1979.

2 明代苏州府下辖吴县、长洲县、常熟县、吴江县、昆山县、嘉定县、崇明县和太仓州，清下辖吴县、长洲、元和、昆山、新阳、常熟、昭文、吴江、震泽、共9县；太湖1散厅。辖区范围基本上相当于今日苏州市辖境以及上海市苏州河以北各区。

3 参见《苏州市志·人口卷》。

明清苏州，在商业发达、文化昌盛的时段，往往生齿日繁，而身份多样、来源驳杂的众多居民，大致可分为苏州本地居民、外来移民、致仕官员和文人雅士等几类主要群体，他们对明清苏州民居的发展有着不同的重要影响。

（1）本地居民

本地居民主要指的是苏州官方户帖（明代称谓，即黄册）、保甲册（清代）所登记的在籍居民，并且在户籍具有地域性、等级性和世袭性，人口流动受到限制的明清时期，这些居民多数就是世代祖居住在苏州地区。在数量上，本地居民是城市中的主要群体；在镇和乡村中，尤其是在那些聚族而居的村镇聚落中，更是绝对主要群体。

人口繁多的本地居民支撑了居住建筑的发展。他们在生活、习俗上的丰富性促成了明清苏州民居空间的变化，居民从业构成的多样性、经济实力的差异性，则促成了民居建筑布局与规模的多元；他们对居住文化的诸多共识，是苏州传统民居地域性与时代性的形成基础，他们对居住空间的追求与风尚，奠定了苏州传统民居的美学基调；而其中的苏州建筑工匠们，更是苏州传统民居空间美与群体美的直接创作者。

（2）外来移民

明清以来，苏州工商业日益繁荣，成了东南地区的大都会。优越的地理位置、便利的交通条件、繁荣的工商经济，吸引各地商贾、工匠云集苏州，无论是县际、府际，乃至省与省之间，各色人等的交流都极为广泛。根据现存明清时期苏州工商业碑刻等资料，以及有关地方史志所载，当时各地商人纷纷寓居苏州，苏州城内所设立的地域性会馆总数达50余所，涉及苏、浙、皖、赣、晋、粤、鄂、鲁、黔、湘、冀、陕、闽、桂、滇等十五个省、数十个府县。不少手工业工匠移居苏州，并逐渐在苏州形成某一行业为某府某县人所专一经营的局面，比如康熙年间的布告中，就提到当时的踹布工匠多见同乡之称。

移民来苏，有利于苏州社会经济与居住建筑市场的发展，促进了地域间文化与技艺的交流，也包括了苏州建造技艺与其他地域间的扩散融会。其中，尤其是苏州与徽州两地之间，以人口流动为媒介的居住建筑文化、技艺的交流，受到众多学者的关注与阐述。[1]

（3）致仕官员

明清以来，苏州作为江南政治经济中心，官府林立，以同治、光绪年间为例，城内一抚二司、一府三县外，尚有其他官衙20余所，官吏众多，同时城内还聚集一批各色捐纳人员。据同治末年苏州巡抚称：在苏谋职的捐纳人员“道、府以至未入流者”不下2000余人，内州、县一班即多至六七百人，“壅滞情形为各省所未有”[2]。在讲究礼制秩序的古代社会，这些官场及其外围的相关人士，最可能就是明清苏州高等级住宅的拥有者。

与此相关的，还有一批数量可观的绅宦也聚集于苏城，其中包括原籍苏州、致仕返乡的官员，以及部分原籍外地的高官（宋代就有北方著名词人贺铸定居苏州的例证），也卜居苏州。这些致仕官员们所营建的住宅，往往是明清时期住宅的精华所在。此外，在当时，这些官员的履历往往作为社会成功表征，诸如科考成就等事迹，常成为聚落、住宅建设中多加宣扬的题材，并由此带来了牌坊、碑刻等各具特色的纪念空间。

所谓“风成于上，俗行于下”，在住宅规制受到如“舆服制”、《营缮令》等法规仪礼规范严格限制的时代，官员、致仕官员的住宅形制，自然成为国家礼制秩序的投射。

（4）文人雅士

明代嘉靖年间，陆师道在《袁永之文集序》中提到：“吴自季札、言、游而降，代多文士。其在前古，南镠东箭，地不绝产，家不乏珍，宗工匠人，盖更仆不能悉数也。至于我朝，受命郡重，扶冯王化所先，英奇瑰杰之才，应运而出尤特盛于天下。”陆氏对以苏州为中心的吴地，文人辈出、傲视他邦的自矜跃然纸上，而在陆氏推崇的英才之中，就有生活悠游在苏州的文徵明、唐伯虎、徐祯卿等人[3]。这些文人以当年王谢士族的“江左风流”为精神前导，以活泼新鲜的世俗生活为现实指向，过着精神标高与物质享乐两不相妨、讲究风流与清雅的生活。并且，他们与周遭的文人，通过雅集、结社等活动来提倡风雅，据《养吉斋丛录》卷二五载：“盟社盛于明季，江南之苏、松，浙江之杭、嘉、湖为尤甚。国初尚沿此习”。

于是，从明代中叶起，吴门绘画、纵情书道、昆曲传奇、通俗小说、吴歌小曲、园林寻幽，如春雨连宵一朝齐发群生，贤才俊杰纷涌迭出，讲求风雅成为时尚。以画家数量为例，根据徐沁《明画录》所载，明代全国画家800 余人，而苏州城及常熟、昆山、太仓的书画家就有390余人，占全国画家数近一半。

在居住空间的创作方面，明代文人文震亨在其所著的《长物志》中，就对居处的位置、式样、功

1 根据学者研究，苏州与徽州民居之间的相似性客观存在，考虑明清文化交流史实，两者之间必然有相互影响，然而具体是谁影响谁，则不易有确证之结论。但苏州营建体系自春秋以来一脉相承，至宋朝已经成熟，《营造法式》即在苏州重新刊刻；香山帮历代名匠辈出，苏州建筑主要由本地工匠完成，而不能排除来苏经商的徽州人请苏州工匠返乡营建的可能性。在书画、艺术、手工等艺术领域中，普遍认可成就高的苏派影响徽派。苏州民居影响了徽州民居的观点，也是与这样的正向潮流相呼应.

2 张树声，张靖达公奏议・卷一.

3 罗时进. 明清江南文化型社会的构成. 浙江师范大学学报（社会科学卷），2009年第5期.

能要求和室内外布置等提出相关原则，阐述了门、阶、窗、栏杆、照壁、堂、山斋、丈室、佛堂、茶寮、琴室、浴室、街径庭院、楼阁、台、室外铺面等各种单元局部的做法、倾向和审美要义，以及绿化品种及其适宜性、室内陈设等，可谓古雅满纸；而清代袁学澜等文人，在有关住宅主厅的堂记等文章中，所传达的风雅居住之情怀，正是一脉相承。

2. 家庭与家族

家庭和宗族是人们因血缘、婚姻关系而结成的群体，也是社会组织的基本单元。人们在家庭和宗族中按照各自的角色相互影响和作用，形成基本的社会关系。家庭人口的多少直接影响住宅规模，家族关系的紧密程度直接影响着民居群落规模。

在《大明会典》中所记载户口分区情况，南直隶苏州府，洪武二十六年（1393年）的户均丁口为4.79，到弘治四年（1491年）为3.83，万历六年（1578年）为3.35。研究者通过比较发现，江南地区的户均丁口数明显低于全国平均值，与北方地区相比远低得多。从明初至明代中后期的演变情况看，北方原本较高的户均人口数，在百余年间，变得越来越高，而户均人口数原本就偏低的江南，呈现不断下降的趋势，其中苏州、松江、杭州、嘉兴、湖州等地，家庭规模小型化的倾向尤为明显。

根据梁方仲先生的整理，在乾隆十八年（1753年），江苏的户均丁口仅高于四川、广西、甘肃，为全国倒数第四，户均人口数也是全国后列低位的。

在王国平、唐力行主编的《明清以来苏州社会史碑刻集》（以下简称《碑刻集》）所收录的118件明代墓志铭中所反映的116户人家，五代同居的有4家，四代同居的有20家，三代同居的共59家，两代同居的共27家，无子女的有6家，上述五种情况分别占统计总数的3.4%、17.2%、50.8%、23.2%、5.2%；其中三代同居的又可分为两类，一类是三代人中的第一、二代有两个核心家庭同财共居的主干双核心家庭，一类是三代人中仅一个核心家庭的主干单核心家庭。可以说，《碑刻集》作为一种抽样调查的结果，其中记录的苏州地区的家庭状况，与前述明代苏州户均人口数所反映的情况大体吻合。

具体到每户人口规模，唐力行的研究表明，在100多户的采样中，苏州的主干家庭（父母与已婚子女构成）约占48%，而核心家庭（父母与未婚子女构成）约占30%，呈现小家庭结构人口较多的情况，每户平均约6～8人的规模。并进一步分析认为，这样的家庭规模，在城区等核心家庭上位较少有大宗族组织，而缺乏宗族血缘的协助与帮扶，保持6～8人是从事生产和应对灾变所必要和适宜的。[1]

根据社会学学者对苏州彭氏家族从明万历到清同治相继数百年续编的谱牒资料的整理，发现这个历三百年传十九代的家族，在婚姻关系上以一夫一妻为主，大约仅有十分之一有纳妾记录，或可视为苏州明清婚姻关系的一个参照。

二、居民与民居的关系

1. 本地居民的生活方式

本地居民对居住空间的影响，可以分为两个层面。

首先是在家族层面上的聚族而居。顾炎武在论及苏州地区同姓聚居的风气时说："兄弟析烟，亦不远徙，祖宗庐墓，永以相依。一村之中，同姓者至数十家，或数百家，往往以姓名其村巷"[2]。地方文献也记载，太湖一带"凡故家巨姓，聚庐捍处其间，依山绕水，篱落村墟，皆异凡境。"

另外一个层面，可以说是满足一户人家的住宅空间具体生活功能要求层面上，这在地狭人稠的城市体现得尤为明显。不妨以前述家庭人口6～8人作为基准，如果是城市内单路三间三进的住宅，门厅、客厅与楼厅，客厅与两层楼厅的左右两开间多作为卧室，则能提供6间卧室，可以满足家庭成员的基本使用需求。

同时，对于黎民百姓的住宅，礼制要求极为苛刻谨严："庶民庐舍，洪武二十六年定制，不过三间五架，不许用斗栱、饰彩色。三十五年复申饬，不许造九五间数，房屋虽至一二十所，随其物力，但不许过三间。"与此相应，根据光绪年间《震泽县志》所载，"明初风尚诚朴，非世家不架高登，衣饰器皿不敢奢侈。若小民咸以茅为屋，裙布荆钗而已。即中产之家，前房必土墙茅盖，后房始用砖房，恐官府见之以为殷富也"。我们今天看到一些商贾们的住宅，也颇有"隐匿"之相，东山腹地本来就是广而僻远，深院匿隐于闾巷之间（如会老堂），某些住宅入口还从侧巷入内（如明善堂），往往令人过而不知。

此外，现存实物中三进以上的住宅，单体多为五间。究其原因：一是这类住户往往经济富裕、人口较多，有此需求和实力；二是当地有"间"与"开间"之说，区别在于"开间"是对正面室外直接开门，而"间"则为实墙封闭。因此五间只是三开间，或许有以"三开间"来回避民宅"不许造九五之数"的国家礼

1 王国平，唐力行. 明清以来苏州社会史碑刻集. 苏州：苏州大学出版社，1998.
2 顾炎武：《肇域志·江南八·苏州府》。类似记载亦见康熙《具区志》卷7《风俗》引旧志。

制规定。有如皇家建筑北京紫禁城“太和殿”的十一间，从礼制角度表述是九开间加两侧回廊，满足了皇家最高等级建筑用最大阳数“九”之礼制规定。

2. 致仕官吏的生活水平

明清时期，借助社会地位、经济实力等因素，部分致仕官员热衷于宅园营建，比如明代常熟退休官员“（钱）岱有经世材而不得施用，故以园林第宅、妙舞娇歌消磨壮心，流连岁月。”与此相类，传说申时行拥有八所住宅，徐泰时营建东园（今留园），以及清代沈氏营建耦园等，都是致仕官员营建居住建筑的典型案例。

在明清两朝，致仕官员多数延续原有品级的政治地位，明代官员按例以礼致仕后，朝廷往往还有规定提升品级、发放诰敕，比如明太祖时期就规定，三品以上官员致仕品级不变，四品以下官员致仕都会加一级，少数人还发放诰敕[1]；清代在致仕官员的政治待遇上也以优待为主，享有相应品级。而在明清两朝针对官民住宅等第、规制的相关规定中，都有与品级对应的住宅等级形制。根据《明史》所载，朝廷对各级官员宅第等级有着详细的规定：“三十五年，申明禁制……六品至九品厅堂梁栋只用粉青饰之。”此外，由于明代的致仕官员普遍没有俸禄，部分致仕官员经济实力或有不济，与清代致仕官员普遍都享有一定经济待遇（半俸或是全俸）有所区别，而经济实力当然也对住房营建有直接影响。

就现存的苏州部分致仕官员住宅来看，往往外观较为普通，即使是历经明代宪、孝、武三朝三十载，官至户部尚书、文渊阁大学士的王鏊故居，其入口门面也是十分朴质，具有一定的讳隐富贵的特点，当然也不会逾制了。

3. 移民与建筑文化交流

明清时期苏州外来移民很多，由此带来文化习俗、生活习惯的交流。尤其是因万历盐政改革而财富积累的徽州商人，多有移民苏州者，其中歙县潘氏可谓典型。

明末的潘仲兰（字筠友）往来吴中经商，开始侨居在苏州阊门外南濠，他的儿子景文于康熙初年卜居黄鹂坊巷的“研经堂”，即明代申时行的八大宅之一，同时家族后裔相继参加科举，并在18世纪后期高中进士，家族也随后入籍吴县。在苏州定居的歙县潘氏后分为贵潘与富潘两支，两支潘氏在苏州都有巨大的产业，都建有祠堂，保持宗族组织，并与徽州潘氏宗族保持密切联系。这种状况一直保持到20世纪50年代土地改革时期。大约在乾隆年间，为免返乡祭祀的劳顿，潘氏在苏州建立了私祠，是徽州宗族活动场所及祭祀功能在苏州的再现，虽然具体营建情况不明，但无疑是建筑文化交流的具体活动。

从苏州明清民居的风格与形制上，封闭性院落与围墙、强调雕刻的精细化倾向、善于应用马头墙等等，常有与徽州民居异曲同工之风，虽然后者封闭程度更甚；而在木构架的处理上，苏州民居与徽州民居都较为强调“贴”的连架思维之趋同，也多见学者阐述。

外来移民对苏州传统民居的影响主要体现在三个方面：繁荣苏州民居营造市场，外来的文化技艺融合，苏州传统民居建造技艺（匠师）被致富者带回到家乡的营造活动。

4. 文人雅士的精神追求

明清时期苏州的文人雅士在房屋营建、空间营造上，往往以精致、雅致、别致为追求，进而影响了苏州明清民居风格的整体趋向。

明代王鏊《姑苏志》中论述苏绣的“精细雅洁”，某种意义上也适合于描述明清文人雅士的居住空间。苏州文人沈复在《浮生六记》的“闲情记趣”中，详细展现了在居住空间布局、器物陈设以及生活方式上，对雅致的不懈追求，且有“贫士起居服食以及器皿房舍，宜省俭而雅洁”之总结。而寓居苏州、《闲情偶记》的作者李渔，也自述“性又不喜雷同，好为矫异，常谓人之其居治宅，与读书作文同一致也”，崇尚居如其人的与众不同，甚至希望“一榱一桷，必令出自己裁，使经其地、入其室者，如读湖上笠翁之书，虽乏高才，颇饶别致”，可以想见当年的苏州李宅，一定别具高格。

与文人雅士的精雅、别致追求相应，诸如室内隔断上竹石画境的雕饰，厅堂匾额内涵深古悠远的用典，各式对联展现殚精竭虑的妙思，以及庭院布局中追慕山水的儒家仁智思想，凡此种种，无不体现了文雅之风对苏州传统民居的浸映。

综上所述，可以认为，传统民居作为家庭与家族的生活、生产活动的场所，首先必然需要满足居住等功能要求和相关经济要求。其次，明清苏州民居也是等级森严社会秩序的体现，无论是严峻阶段的“遵守”，或者是松弛阶段的“僭越”，都必然与相关律令中住宅形制的规定密切关联。第三，作为使用者特别是各色文人精神情怀的投射，居住空间在营建中，必然将以雅致为代表的江南文化融会其中。第四，作为传统文化与礼仪、习俗的载体，住宅营建势必受到诸如礼制尊卑、风水吉凶等观念的影响。

1《明史》卷71；清代，《续通典》。

第三节 明清苏州的社会经济

一、社会经济概况

除了元末朱元璋与张士诚的战争（1366~1367年）、明代初年人口几次北迁、清初（1645年）的清军屠城、清代晚期的太平天国战争（1860~1863年）等几次大的战争外，明清苏州基本处于相对和平、稳定的发展期，可视为乐业安居阶段，"苏湖熟，天下足"，此时的苏州已成为南方甚至全国的经济中心，而人口规模也相应达到了古代的顶峰。

社会经济的发达，为住宅建设奠定了良好的经济基础；人口的增长，使住宅建设具有实际需求；人口的构成，成就了住宅形制与样式的丰富性。如果比较不同时期的苏州历史地图，会发现城墙内，部分早期被标示为"荒基、废地"的地块，在后期的地图中多为街巷分明的区域[1]。

这一时期苏州社会相对稳定，社会治安也普遍较好，城市外围周长十几公里的城墙较为坚固，形成城内比较安全的环境。这样一来，城市内民居的防卫要求也就不高，与其他社会环境下的寨堡、土楼等防卫森严的民居形成鲜明对比。即使同样是院墙围护、内向开窗等汉地传统民居的共性方面，苏州民居在封闭程度上，也与高墙幽闭的徽州民居有所差异。

而在居住空间的审美与创作上，与致仕官员住宅对古代住宅等级秩序的遵守相并行，文人将雅致的情怀贯彻其中，商贾将精美的追求糅合其内，诸如此类，不一而足，从而共同交织成苏州传统民居规整、内向、清雅、精巧之美，形成小桥、流水、人家的人间天堂画境。

二、社会经济对民居的影响

1．经济实力与生产活动对民居的影响

《营造法原》中记载了出租屋、平房、圆堂、楼厅等几种住房基本形态，这与当时使用人群的经济实力、社会地位等相互呼应。

就目前遗存所见，苏州明清时期的居住建筑规模差异很大。从住宅数量看，既

有如申时行等富商巨贾拥有多所宅第，也有穷人居住的出租房；从住宅规模看，从独屋到群落，从一进独屋到五路七进，差异巨大，更有如网师园、留园、拙政园等宅园一体者，其中的园子今天已成为世界文化遗产了。

此外，如果以生产方式为线索，可以将民居区分为以下四种：（1）城区以及市镇的小型工商户住宅，往往是前店后宅、前坊后宅、底店上宅等混合居住和生产的形态，这在明代就开始出现的资本主义萌芽发展时期，往往是街市两侧住宅的主要选项；（2）乡村住宅，主体是农民或者渔民等劳动者住宅，多位居山边水际，如东山、西山地区，往往结合生产劳动需求，有较大的空场，而构成的聚落往往有村落群体美、环境交融美的特质；（3）城市中可称为中等收入阶层的住宅，多数为3~4进的住宅，包含了《营造法原》所提到的门厅、茶厅、大厅、楼厅、围墙（少有园囿）等几部分，是苏州民居的主体；（4）大户住宅，以官员、名士、豪贾等家庭、家族为主，不但所数不拘，住宅的进数、路数，在开间、架数不违反朝廷律令要求的基础上，亦不受限，布局变化最为丰富，同时在占地、用料、装修、成本等方面，往往不吝珠玉，传承至今成为苏州传统民居的精华。

2. 社会礼仪的影响：以客厅中堂空间为例

明清时期的苏州住宅，中间阶层的住宅应当是数量最多，也是最能体现社会礼仪、观念的共识所在。在调查的众多实例中，除了布局庭院式、重视中轴等习惯做法外，作为礼制要求与审美倾向焦点的客厅，其空间塑造方面的共同点就很值得关注。

在苏州明清时期的民居中，客厅作为家庭主要礼仪活动及待客场所往往是全宅的重点，是全宅最为戮力营建之处。明代文人顾起元注意到当时的南京，“嘉靖末年，士大夫家不必言，至于百姓有三间客厅费千金者，金碧辉煌，高耸过倍”的现象，对比前引《震泽县志》描述的情况，以及现场调研所见案例，类似客厅的高耸追求，应当是明中期后江南地区的共性。

明代时期，苏州民居的厅堂形制的高耸化，得益于地域建筑技术的发展，在这方面苏州具有非常优越的条件。首先是名匠蒯祥为代表的“香山帮”木结构营建技术体系，体现在厅堂的木构架，以及轩等空间二次营造上；其次是明代苏州制砖业的发达，促进了砖砌房屋技术的发展。砖墙的出现在一定程度上减轻了柱子的承重，并且因其良好的防雨功效而使屋顶出檐减少。尤其是清代厅堂中的柱子往往较明代细长，使厅堂显得更高大敞亮[2]。那么，在高大宽敞的大厅内，又是如何营造空间？

1 参见《苏州古城历史地图》。

2 张朋川. 明清书画“中堂”样式的缘起. 文物，2006年第3期.

图1–1　惠和堂屏门背面

首先，在大厅屋架下往往还设有轩，《营造法原》所谓“使前后对称，表里整齐”者，而且要求“轩宜高爽精致”。承托轩的梁架，在用料、雕刻装饰性方面都优于承托屋架者（称为草架）。而草架、轩组合的类型、样式也很丰富，明代计成的《园冶》（书中“轩”称为“卷”）就列有十数种；《营造法原》也列有四种常见轩，进而结合诸如磕头轩或平头轩，以及轩的位置或数量变化，组合变量非常可观。这种文人和匠人都记录的轩，以及做法上的丰富性，正是实际情况的写照。而之所以在进深空间塑造上如此费心着力，应当与住宅“不超过三间五架”的礼制限制大背景相关联。

其次，客厅正间后部的隔墙，是客厅的重要视觉焦点。为了通风，客厅后面需要开门；而客厅后面即是内眷活动区域，又需要遮掩隔断，在客厅后部设置屏墙确是很好的两全解决方法。从宋元时期的绘画作品中可以看到，这个位置多数为移动式的屏风，而在明代以后的版画中，已然可以看到这个位置设有板墙了。目前苏州所见的实物中，厅堂后隔墙大体可分为固定板壁以及可开启式屏门两种，前者如东山陆巷王鏊兄弟住宅惠和堂大厅（明），后者如东山陆巷春庆第大厅（明），而清代的网师园万卷堂、马医科绣园墨绣堂用的也是屏门。

第三，在客厅空间氛围塑造方面，明代《长物志》对文人崇尚的方式作了细致的描述，也可以通过部分明代版画看到明代厅堂室内具体布置的情况。其中，根据序言写于苏州的《金瓶梅词话》（二十卷本）来看，客厅悬挂中堂画的景况与今日所见一脉相承。值得注意的还有，书中三幅插图中悬挂的中堂画两侧皆无堂联。而从历史源流来看，书画的中堂样式产生在前，大约始于成化年间；而堂联出现的时间则较晚，一些学者认为是在明代晚期至清朝初期。此后，在厅堂正中背屏上大多悬挂中堂书画，两侧配以堂联，渐为固定格式，成为清代至民国最主要的样式。

苏州传统民居中的堂额、中堂画与堂联，主要厅堂的这套标准配置成了房主展现自身文化追求的载体，必定郑重其事，它们也进而成为名士、文人、职业画家等各色人士的笔墨舞台。

而客厅空间在建筑到室内三个层面上的创造，正反映了苏州先民在居住空间营建理念中，包含了传统宣教、礼制遵守、情怀抒发、审美志趣、实力展现等复合之影响。

3. 土地私有制的影响

在苏州传统民居的四隅，往往看到题刻有“某某堂某姓界”的石构件，嵌在外墙墙裙位置，醒目而庄重，反映了对地权边界的重视。此类构件城乡都有，在城市中

图1-2　马医科绣园墨绣堂屏门背面

尤为多见，这应与城市建筑密集、易生地界纠纷直接相关。这正是“六尺巷”礼让风范之所以流传，以及《营造法原》专门列出“荐（同占，指邻居侵地）”之数种情况的社会背景。

因地权、地形和方位的综合影响，现存多数住宅的外界墙呈折线形，而在不规则边墙之内，往往有一部分（一路或几路）是相对规整的数进组合关系，这部分比较规整的边框，与外界墙之间的非规则部分，则布置为避弄、边房、小庭院等较次要空间。整体而言，宅内空间呈现有序的丰富变化，并统一在粉墙黛瓦栗壳门窗的基调背景中。

同时，住宅作为私有产业，会随着家族、家庭的变迁，产生售、买现象，尤其是城市中的住宅，比如著名的留园、网师园等带有园林的住宅，常熟的翁氏彩衣堂等，就都有易手的更替记录。如此衍变，除了有明确功能对应要求的原屋主（始建的业主）外，家族家庭人口构成、生产生活情况等，与住宅空间的对应与关联，就未必那么密切了。当然除了考虑住宅规模的适应性以外，新业主在住宅空间的使用上应当没有太大问题。首先是重视形制而较少强调功能或类型的具体行为区别的传统建筑空间，本身就具有较强的空间适应性，比如三开间的大厅，既可以通间设厅，也可仅正间作为会客部分而两侧独立隔间；其次是传统木构架，承重结构与围护结构可相互分离，分割空间上具有一定的灵活性。

可以说，苏州传统民居所蕴含的空间单元简单规律、组合可变性好等特征，以及形态上重视规模、少改多增的处理手法，很好地保障了住宅主体的延绵。许多明代营建的住宅，虽历经数百年时代变迁，基本结构仍得以留存至今。

三、工巧传统

明代江南住宅建筑的精工精致与当地尤其是苏、松地区大量的能工巧匠是密不可分的。历史上此地工匠素以技艺精湛、技术细腻著称。宋代时期，苏东坡就提到“华堂夏屋，有吴蜀之巧”而在明代，苏州香山名匠蒯祥营建皇宫的事迹闻名遐迩，苏州名士文震亨所著《长物志》记载传承，继有清末民初整理的《营造法原》所录，大量现存的建筑实物更是实证了苏州地区建筑体系的工巧传统。

1. 社会尚精致

苏州工艺美术以精细雅洁风格和精湛技艺著称于世，很多技艺被称为“苏艺”、“苏作”、“苏样”、“苏式”、“苏意”或“苏派”。全国工艺美术品24 个大类中，苏州就拥有22 个，3500 多个花式品种。刺绣与缂丝、盆景、玉雕、木刻、灯彩、泥塑、乐器、笺纸、漆器、檀香扇、桃花坞木版年画、苏式家具（即明式家具）等都享誉全国。明人张岱羡称：“吴中绝技，陆子冈之治玉，鲍天成之治犀，周柱之治嵌镶，赵良璧之治锡，朱碧山之治金银，马勋、荷叶李之治扇，张寄修之治琴，范昆白之治三弦子，俱可上下百年，保无敌手。但其良工心苦，亦技艺之能事。至其厚薄浅深，浓淡疏密，适与后世鉴赏之心力、目力针芥相投，是则岂工匠所能办乎？盖技也而进乎艺矣。”[1]

2. 匠师多巧手

在明清时期苏州住宅的营造中，集多种建造技艺为一体的香山工匠，是其中最为直接的力量，至今苏州地区保留的明清故宅，即多出自“香山帮”巧匠之手。香山帮历代名匠辈出，著名的如明代擢升至工部侍郎的蒯祥（木工）、陆祥（石工），清代著《营造法原》的姚承祖等。历代传承、以技艺精湛著称的“香山帮”系苏州传统建筑营造行业，以木作和瓦作为主，还包括石作、漆作、堆灰作、雕塑作、叠山作、彩绘作等，是集全套营造工种于一体的传统建筑行业。从2005年起，“香山帮传统建筑营造技艺”被列为第一批国家级非物质文化遗产。2009年，包含“香山帮传统建筑营造技艺”的“中国传统木构建筑营造技艺”，被列入《人类非物质文化遗产代表作名录》，其价值不言而喻。

此外，苏州地区诸如雕刻、金砖制作等手工技艺，也与建筑营造直接相关，或成为建筑装饰组成，或是提供了高质量的建筑材料。相关手工艺不但提高了建筑的品质，也对营造技艺产生了深刻影响，可以说，苏州讲究精巧的“苏式”工艺传统与建筑相互融汇，最为直观的就是，苏州民居建筑中的楹联字画、雕刻泥塑、磨砖对缝等精细处，无不显示着高超的艺术水准和工艺水平。

1（明）张岱. 陶庵梦忆（卷一）. 南京：江苏古籍出版社，2000.

第四节 民居群体特征与风貌

一、民居的进与路

1. 进的概念

"进"是中国传统合院式住宅的常用概念，用来表述住宅规模时，需与数字相连称为"一进"、"两进"、"三进"等。但"进"数以纵向轴线上的院子数还是建筑单体数为准，各地不尽相同。在苏州则以建筑单体数（进建筑物，而非进院落）为准，即纵向中轴线上的建筑单体序数为其"进"数，墙门、门楼等构筑物不称"进"，也不计在进数内。亦即如有门厅（门屋），则门厅为第一进，如无门厅，仅设墙门或门楼则不可称第一进。如果只有一座房屋（多临街或巷），则此住宅规模直接称为一进。

2. 路的概念

多进宅、院纵向串联成为一"路"（苏州也称"落"）。许多住宅群落由若干平行的"路"左右并联而成，路与路之间多以纵向避弄（女眷避男宾，仆婢避主人。《长物志》）分隔，并以横向巷道沟通各路宅院，形成多进多路的布局。路与路之间有主次之分，最重要的纵向宅院序列称为"中路"[1]，其他都是边路。路数多的住宅，边路按照方位次序称为东一路、西二路等等。当表述一处多进多路的住宅进数规模时，以中路的进数计。

多路住宅的形成原因在于家庭结构或家族聚居的需要，形成途径包括直接按多路营建、在原有宅院旁购地扩建，或者购置相邻院落打通为一体。除了普遍采用的常规进、路布局外，也有少量特殊的宅院组合类型，如并列两路不分主次的、一轴分两路的，还有一路侧边带辅房的布局组合，见后文分述。

3. 进路尺度与街巷的关系

（1）一般规律

苏州古城由街巷、水网分割成若干个街坊。街坊面积大小不等，小的约3公顷，大的有50多公顷，一般在20～30公顷之间。大大小小的传统民居便嵌入在这些街坊之中。与当代街区以居住人口规模划分不同，街坊主要是依据户型规模划分。根据现状遗存，苏州民居一般不超过7进，路数不超过5路。一般一进的总进深（建筑单体加前院）在10～15米之间。街坊的南北纵深多不过百米（如平江路地区在80米左右），如能南北贯通，多为5～6进，院落才较为宽裕舒适，7进已是极限，唯特殊地段能行。一般一个街坊东西向的间隔约数十米，略小于南北向进深，5路也已是极限。在苏州2500多年的建城史中，街巷的尺度已与民居的规模形成了宛若天成的和谐平衡。

（2）特殊现象

街巷的特殊地段也会产生一些特殊的民居布局，例如平江路沿街开店部分形成的街坊，沿街进深仅25米左右，而且以东西向为主，这完全是为了适应店宅合一的经营模式而来的变通。另外，在古城西北的山塘街，街坊的深度随着远离阊门而逐渐递减，也与商业的区位特征相应。至于太湖沿岸的乡村，自然地形多变，街坊组合更加灵活，边缘不甚规则，并不强调形成街巷尺度与建筑之间的平衡规律。

4．街坊尺度对进路扩建的影响

“过去地主官僚，在建造住宅时，绝大多数向左右扩展，兼并他姓住宅，在原有旧建筑物的限制下，尽可能少变动，以避弄来做过渡，使中轴线得到正直”[2]。但进路扩建可能受街坊尺度的限制，导致扩建无法实现，所以一些宅院从营造之初就不考虑数房儿孙合居的情况，例如西百花巷的任宅、纽家巷潘宅等。可见街坊尺度对进路扩建的影响是十分直接的。

二、民居的朝向

1．日照与风向的影响

苏州地处北纬30°47′～32°02′、东经119°55′～121°20′之间，属于夏热冬冷地区，南向采光对于秋、冬、春三季都十分重要。夏季可通过檐部遮阳等措施避免阳光直射室内，而冬季太阳高度角较低，檐部对阳光入射不甚妨碍。因此，南向是重要建筑单体的首选，朝向直接影响民居的选址。

苏州位于北亚热带湿润季风气候区，又有海洋性气候特征，季风明显。由于潮湿多雨，室内通风非常重要，与通风密切相关的夏季主导风向为东南风，而冬季盛行西北风与东北风，需要防避。结合日照与冬夏风向的特征，南向（含南偏西与南偏东）是苏州传统民居的最佳选择。

2．礼仪与风水的影响

苏州民间认为，正南向（即南北子午线方向）

1 路数为二路、四路的住宅，最主要的那一路即使并不居中，在苏州也称为“中路”，有时亦称“正路”。

2 陈从周．苏州旧住宅．上海：上海三联书店，2003：18.

唯天子可居，百姓的房子不能采用正南向。这本是传统礼仪上的说法，但后来慢慢变为风水上的讲究。因此，苏州民居鲜有正南向的，结合日照和风向（传统营造中也是用风水观念的言语表述），多在南偏西或南偏东15度以内，或干脆采用东西向。东西向的住宅虽然在风水上也能做各种自洽的解释，但主要还是受街巷与地形地貌的限制所致，通常情况下不采用。

民居大门一般位于中路中轴线上。偶有不同，如南向的住宅大门设在东南角，或者干脆在南端东向开门等，除了场地制约条件之外，主要是风水观念的影响。

3. 街巷与地貌的影响

（1）街巷走向的影响

苏州古城水陆双棋盘的水网、街巷结构一直延续至今，不少宅院直接临对南北向的街巷，例如平江路。在双棋盘结构的外围也有一些不规则的部分，主要是城南城北地区的街巷，并不平直一律，例如古城东南部的盛家带，古城外的山塘街也是一条斜向街道。这些情况导致许多临街的宅院无法取南北向营造，甚至东西向也未必能保证，实物如盛家带33号（大致朝东）、平江路25-26号（基本朝西）等。

（2）地形地貌的影响

苏州古城为平原水乡，但临太湖一带则多坡地丘陵。滨湖地段虽然地形平缓，但村落布局也要受到滨湖岸线走向的影响。总的来说，太湖一带的传统村落街巷布局因地形地貌而变化多端，导致沿街民居的朝向顺其多变。例如西山三山村薛家祠堂（西南向）等。

三、传统街巷

1. 街巷功能要素的作用与影响

（1）交通要素

苏州古城水网、街巷双棋盘结构的首要功能便是交通。因为城内水系通过护城河与京杭大运河直接相通，所以一般远途的客货运输均走水路，通过水棋盘网络直接抵达宅院之前的码头或宅后的水墙门。城内交通则水陆并重，东西向街（水）巷虽然较长，但一般每隔数十米就会有南北弄道贯通，与街巷的南北间距相差无几。

（2）商业要素

商业是江南城市的灵魂。苏州的街巷体系中，商业功能主要由街来承担，巷弄起到交通上的联系作用。因为历史上沿街开店现象的持续存在，苏州较早形成了充满商业气息的街坊（又称厢坊），而非规制的里坊。苏州传统民居中的商住混合类型十分丰富，包括下店上宅、前店后宅等多种类型，都与街巷网络的工商业态和规模密切相关。

（3）消防要求

苏州传统民居以木结构为主，虽然明代中后期普遍采用砖墙围护，但并未改变木结构的主体地位，消防安全首当其冲。双棋盘的水巷、街巷为消防提供了便利，以平江路地段为例，南北向的水巷间距在80米左右，通过弄道贯通，一旦需要扑救时，最大的取水距离只有40余米。这说明消防的空间支持也是形成苏州街巷网络尺度的重要特点之一。

与重视消防密切相关的还有砖砌山墙的发展，马头墙、观音兜等高耸的硬山形式首先满足的是鳞次栉比住宅的消防要求。另外，民居屋顶小青瓦的黑色调与五行之“水”相对，“水”能尅“火”，因此文化观念上的五行相尅意识也在潜移默化地影响着街巷风貌。

（4）管理需求

土地制度、乡约民俗以及律法等从不同方面对街巷空间布局和人们的行为规范加以限制和引导。如今经常可以在相邻宅院之间看到界碑，便是街巷建设管理规则得到良好贯彻的例证。总的来说，苏州街巷系统的尺度关系本质上是历朝历代的延续所致，各朝的管理制度均以既有的空间架构和民俗乡约为基础。

2. 街巷网络

（1）街

苏州古城具有2500多年的历史，存留至今的一些主要街道的功能可能发生过较大的变化，具体变化及其原因按目前条件尚难以考证，因此本书仅讨论明代以来的情况。

从空间等级上说，街是主干，巷是分支，弄更次之。街承担商业功能，街巷共同承担主要的陆上交通。一条街的商业布局既与水网地形相结合，也是最方便、直观的商业展示空间模式。街的长度取决于贸易量以及业态的丰富性，宽度依用地条件与经营模式而定。一般街道宽度在3～4米左右，两侧店铺檐口高度约6米，街道宽高比一般在0.5～0.7。一些较大的街道宽度可达4～5米，一般来说，3～4米的宽度可以允许店家白天货架出街经营，也可以方便挑担的商贩、村夫无碍通过。总之这些街道尺度是在传统的慢行交通条件下，居住、商业、交通功能相互平衡的结果，也是城市与作为腹地的乡村在贸易上相互交流与平衡的结果。

从苏州全市的范围来看，街与河的相互关系十分丰富，常见的有一街一河直接相邻、两街夹一河、河街之间以一排店坊或住宅相隔等形式，有的临河街道还有廊棚或者骑楼。

（2）巷与水巷

街、巷是两种不同的空间，街为商业空间，巷是居民之间的联系空间，多只有交通功能，没有商业功能。巷道通向商业街，基本垂直相交，多与水巷平行，用地最省，也利于宅院获得好的朝向。东西向的巷与巷之间距离多为80～120米，巷道一般宽2～3米，最窄的有1.5米，一般也是宅院侧（大）门所在。有的巷道直接临水，显得较为开阔。

水巷组成与巷功能类似的水网，一般河宽2～3米，最窄有1.9米的。有些河道两侧紧邻住宅的水墙门、水埠头甚至建筑本体，没有街巷，交通完全依赖水系，堪称纯粹的水巷。

（3）弄

街巷之间形成街坊，巷与巷之间的联系是多为南北向的弄道，一般间距在50～80米，宽1～2米，两侧是宅院山墙。街、巷、弄的等级化空间使得整个街区的交通结构连成三级的方格网状。

（4）巷弄空间功能的复合性

一般来说，巷弄直接与宅院相接，是侧门或大门的直接开启面，巷弄对居民生活起居的影响要远甚于街，甚至成为日常生活空间的一部分，从而具有明显的功能复合性。居民可以在宅前宅后的巷弄（包括水巷）聊天、纳凉、嬉戏、晒太阳，也可以在水埠头洗菜、汏衣。在满足交通、防火需求之外，巷弄空间表现出多义的特征。

四、群体风貌

苏州传统民居的群体风貌可以从形体、形态、形象、色调等四个角度来加以认识。形体关系指构成建筑群各单体的尺度关系和组合方式；形态关系指建筑群的纵剖面天际线和群体四边在街坊中呈现的样态；形象关系指空间的虚实变化，例如院与房，墙与门、窗、洞口等等；色调关系主要指物质空间、物体的基本色系，包括季节带来的色调变化。

1. 形体关系

苏州传统民居多为1～2层，考虑到通风的重要性，一般底层较高，有些檐口高度接近4米，二层的生活空间较一层为矮，二层檐口距地面多不超过7米。除了上出檐的做法，苏州地区多在正房前后设廊，又与户外活动灰空间及门户开启时遮阳挡雨的要求有关。

建筑单体由各种正房、厢房和廊轩组合而成，主次分明，加之前后楼层的变化，使得各进建筑形体分隔与融合俱在，有强烈的系统性和多样性。即便是院落体系，也在序列中充满变化，同一进的院子可能用院墙分隔成前后两部分，中间插入砖雕门楼，南面部分在中轴线两侧则形成精致小巧的蟹眼天井。建筑单体与院落尺度的变化都以相应功能为基础进行谋划，与生活习俗、礼仪章法本身的弹性和谐一致。

从总图上看，建筑屋顶的覆盖率较高，超过50%，且一般院落进深不会超过相应的建筑单体。但因为屋顶其实统合了各种灰空间类型，如避弄、轩廊、双步廊等，实际上地面生活空间的通透性是很强的。

2. 形态关系

各进建筑进深的尺度变化在纵轴剖面上呈现出显著的规律。门屋一般进深四界，轿厅多为六界，客厅进深变化较大，除内四界与前轩后双步的常见搭配外，在前轩前还可能出现檐廊，因此客厅进深最大可达九界，而内厅、卧厅多为楼厅，底层界数常与客厅相仿或略少。一般民居单体建筑多为平房（含较小的厅堂），每界跨度相同，通常为三尺半（约950厘米）[1]；较大的厅堂每界进深不完全一致，由外而内多以5寸为等差递进。

院落的进深与建筑尺度紧密相关。香山帮工匠歌诀要求，南北两座建筑单体之间的院落进深与北侧建筑进深相等，最后一座建筑的后院进深等于该建筑进深的一半。但歌诀所唱仅仅是理想状态，一般受用地所限，院落尺寸往往会被压缩，但客厅、楼厅等主要礼仪、生活起居空间前的院落仍旧相对较大。

苏州地区对传统民居各进院落、单体地坪有“步步高”的要求，一般后进建筑要比前进建筑地坪高一级踏步，建筑前的院落随之升高。这个规律一般在门屋、轿厅、客厅三进之间普遍都得到体现，内宅部分也大多如此，有时因进数过多或地势条件而有所差异。

单体檐口高度一般为建筑正间面阔的八折，因各进正间面阔逐渐增大，地坪又步步升高，建筑单

1 钱达，雍振华．苏州民居营建技术．北京：中国建筑工业出版社，2014：23.

体檐下空间自然逐进升起。屋脊的高度变化趋势也相应受此影响，一方面起算处的檐檩高度依进数递增，另一方面脊檩因界数增多而算数上扬、屋脊高耸，加上内宅部分基本是楼厅，使得整个纵向轴线上的建筑形态呈现出渐升的扬起之势。

建筑群体四边的立面直接塑造着巷弄的空间形态。临街建筑单体的南北立面，决定着同一条街巷两侧的界面特征。街巷南北界面的不同，既包括物质层面上一层门屋与二层楼厅的高度对比，也包含着封闭、阴凉与开敞、明亮的性格差异，而街巷本身则由此获得了丰富的动态变化。

东西两侧的巷弄风貌，则是由院墙、山墙来塑造的。山墙是决定院宅外部形态的重要因素，其高低起伏直接显现了院宅的规模和高度。苏州传统民居中硬山、悬山均有，硬山更为普遍，马头墙、观音兜等典型形制常见，在《营造法原》中也载有专门的形制介绍。与徽州相比，苏州的马头墙形制规范化程度较高，多为三山屏风、五山屏风。非常重要的一点是，苏式的马头墙仅用于建筑单体的山墙，而且不是山墙形式唯一的选项；而徽州的马头墙往往将山墙与院墙连为一体。另外由于徽州山区地貌多变，同一家族各宅院的纵轴线可以相互垂直，常常形成马头墙互冲，从而在形态构成上与苏州有着明显的不同。

苏州的巷弄，两侧传统民居硬山墙还常出现砖博风。山墙用博风即不用马头墙，而砖博风的空间感染力并不逊于后者。博风上曲线随屋面坡度而上升，下曲线与上曲线之间随着高度上升而宽度渐渐增大，展现出柔曲的妩媚和饱满的张力，这种砖搏风是苏州明清传统民居的重要地方特征之一，明代的尤美。巷道的山墙界面由于各个单体坡顶与砖博风这一系列双重曲线在其间院墙顶水平直线的映衬下而显现出一种动态的美。

3. 形象关系

最典型的虚实效果体现在建筑与庭院、天井的相间关系上。苏州传统民居主要由建筑单体与院子共同组成完整的生活空间系统，在纵向行进过程中，会出现明显的实—虚—实—虚的韵律感，由于各进承担功能不同，建筑、院子的平面尺度、高度都会发生变化，从而产生节奏上的丰富性。这种虚实相间又具有丰富微差的空间体系延展形成苏州传统民居的肌理特征。

传统苏州民居庭院的进深一般不会超过该进的主体建筑进深（最大约10米），庭院宽度与主体建筑（不含厢房）面宽相同，多在15米以内，庭院长宽比多在1.5以下[1]。受地坪、门窗、墙所围合限定，檐口高度与庭院进深、面宽的比值变化较大，对外的若干进，建筑一般为单层，檐口高在3～4米之间，庭院进深往往超过檐高；对内的若干进，往往营造为楼厅，檐口在7米上下，接近甚至超过庭院进深。一些小天井主要起到通风和改善采光的作用，不承担更多的生活功能，高宽比会更为夸张。

除了尺度关系之外，庭院的周边界面还受到院墙材质、门窗类型、窗地比幅度的影响，则与各进承担的不同功能有关。如砖细影壁多用于界分内外宅院，客厅开间正面往往满设槅扇门，卧厅的实墙比例相对较高等等，都会赋予各自庭院（天井）以不同的空间性格，烘托出不同的生活氛围。

另外，门厅北立面、轿厅南北立面均通透无墙，天气晴朗时各厅开间的槅扇门常常全部打开，既延展了相应庭院的视觉进深，也体现着中轴线上的强烈空间层次。

苏州传统民居的形象特征可以归纳为：南透北通、东西连护，装折为主、墙体为辅，院景多样、四季有绿。

4．色调关系

苏州传统民居的色调个性鲜明，也蕴含着丰富的微差。这种丰富性一方面来自于建筑、街巷本体，另一方面来源于绿化、水体、阳光的季节性变化，其中绿化是苏州宅院精心设置的重要艺术组成。

苏州传统民居建筑主要有三种基本色调：粉墙、黛瓦、栗壳色门窗，冷暖相间、对比分明。街巷铺地则以灰色为主色调，包含黄石、灰石以及灰褐色砖瓦等不同材料，形成沉稳的大地基色。

苏州传统民居的庭院空间为植物的姿态、季相变化提供了展示的舞台，在不同的季节，与稳定的建筑群体色调组成情趣各异的季节图画。选用绿化品种在美化生活、晕染气氛的同时，往往还被分别赋予了对应着各种吉祥的含义，使得居住的主人、生长的花木，与优雅精美的建筑成为家庭生活小世界的统一体。

苏州传统街坊的色彩基调可以简要地概括为：粉墙黛瓦、栗壳门窗、灰地绿景、水映芬芳。

1 王建华. 基于气候条件的江南传统民居应变研究. 浙江大学博士论文，2008.

第二章

苏州传统民居布局特征

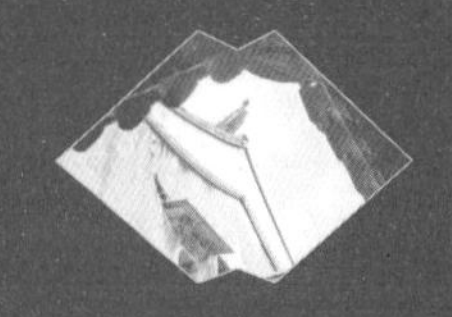

苏州传统民居类型繁多、布局百变，但有基本规律可循。根据苏州传统民居布局的主要特征和基本规律，本书从功能角度将其分为两大类型：纯居住型、店（坊）宅混合型；从进落角度将其分为三大类型：基本型、代表型、拓展型。

所谓“代表型”，是指住宅由门厅、轿厅、客厅、内厅、卧厅等五进厅堂及其院落组成，在明清时代能够满足一般大户、富户的生活居住和社交需求，并且符合传统礼仪，不违反朝廷舆服制度，而且每座建筑的功能没有重复，现存五进住宅多是如此布局。现存四进及以下住宅在礼仪和功能上多是因地、因财、因口，依“代表型”简化或变通，但都能满足住户基本需求，是苏州传统民居的数量主体；现存六进及以上和多路住宅也是因财、因口、因地，在“代表型”基础上增加卧厅内容和拓展闲暇养息功能。因此，本研究将由门厅、轿厅、客厅、内厅、卧厅等五进厅堂院落组成的住宅称之为“代表型”，将四进及以下的住宅称之为“基本型”，将六进及以上和多路住宅称之为“拓展型”。

并且“代表型”的装修华美精致而内敛有度，与之相比，“基本型”多显简陋，“拓展型”则偏张扬。在功能合理完善（规模）、礼仪切合规范（布局）、文化引导追求（匾额对联等）、用材优质、技艺精美等诸多方面，五进厅堂组合的住宅都可作为苏州明清传统民居的典范。本章第三节将重点对“代表型”的五进厅堂逐一阐述。

第一节 功能类型

一、纯居住型民居

纯居住型民居即内部功能和空间布局均围绕日常居住要求布置的传统民居，苏州绝大部分传统民居是纯居住型的。

该类型民居除了一进的民居只能在进内简单区分内外功能以外，其他各进类型的功能与平面都遵循传统礼制，按照“前堂后寝”布局，一般依次为门厅（门屋，苏州民间俗称，下同）、轿厅（茶厅）、客厅（正厅、大厅）、内厅（女厅）、卧厅（堂楼、楼厅）等，卧厅之后建宅园，或设下房（厨房、杂物间、佣人房等），宅院进落多的可达四至五进、甚至七进以上。如该户人家子孙成家，在老宅边建新居，形成边路，中间由避弄（备弄）相连。

二、店（坊）宅混合型民居

店（坊）宅混合型民居即除满足日常居住基本要求外，组合商业商贸、家庭作坊等功能的传统民居，居住者主要为小型经商者和手工业者。店（坊）宅混合型民居根据产业与居住两种功能的所占比重可分为产居均等、产主居辅和居主产辅等组合；根据产业与居住两种功能的空间分布可分为下店（坊）上宅、前店（坊）后宅两种类型。

下店（坊）上宅型民居即底层作店堂或手工作坊，上层作住宅。这类民居只有一进，规模均较小，因其两种功能重叠能够节省土地，店坊经营需面市临路，故多沿街临河或前街后河处布局。住宅背面或邻河辅房作厨房、厕所、仓库等，侧墙均为实墙，以便与邻户聚靠。这种平面构成的密度较高，水陆交通联系方便。

前店（坊）后宅型民居沿街房屋为店面或作坊，后面则是居住空间，前后以庭院分隔，或有厢房连接。店坊与居住的功能相对独立地组合在一起，居住部分多另开侧门，以与正面经营部分互不干扰。该类民居通常为两进或三进宅院，三进以上宅院较少。

下店（坊）上宅型民居与前店（坊）后宅型民居特征对比　　表2-1

	下店（坊）上宅型民居	前店（坊）后宅型民居
位置	沿街、河	沿街、河
规模	一进为主	两进或三进
平面特点	底层为店堂或手工作坊，上层为居住空间	沿街为店堂或手工作坊，后面为居住空间
院子或天井	可有可无	有院子或天井
内部交通	垂直交通为主	水平交通为主
功能独立性	商店（作坊）与住宅相互有一定干扰	商店（作坊）与住宅相互没有干扰

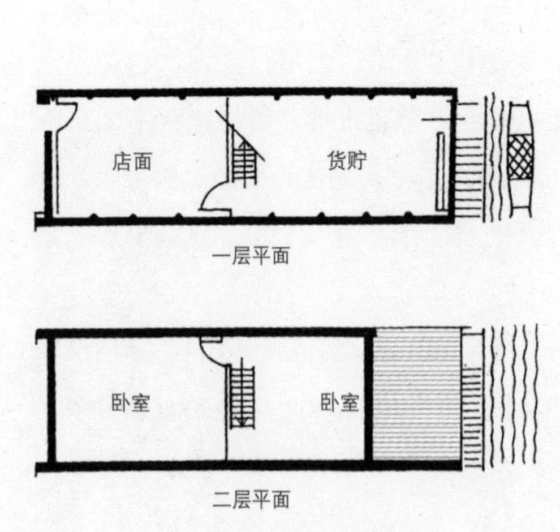

图2-1　店（坊）宅混合之下店上宅示意图[1]

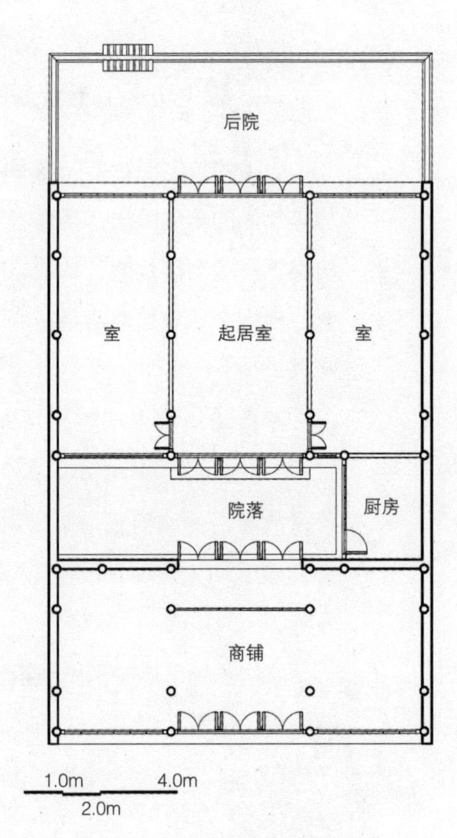

图2-2　店（坊）宅混合之前店后宅示意图

第二节 基本型民居

基本型民居包括一至四进各类民居，其中一至二进民居以社会平民为主，三至四进民居以小康阶层居民为主。

一、一进民居（包括店宅混合）

1. 一进民居的类型

一进民居的居民主要为社会基层平民，往往因为经济或用地等多种因素影响民居的布置，形式上变化很多，现以位置、层数及是否有院子为主要依据将其分为以下几类。

（1）一层沿街无院子

单幢沿街的平房民居，最为基础的形式，内部承担所有的居住和生活功能，正间通常为堂屋或起居，次间隔作居室（图2-3）。

（2）一层沿街有前院

单幢民居前有围墙形成前院的民居，门斗通常比较简陋，院子也比较小，院外临街（图2-4）。

（3）一层沿街有后院

单幢民居后有围墙形成后院的民居，多见于农村，后院常布置有猪圈禽舍、菜地、农具储存室（图2-5）。

（4）一层临河无院子

屋后临河的单幢民居，在苏州错落密布的水网中广泛存在，在布局与功能安排上更为简单，更有效地利用土地，更方便地利用水上日常商贸（图2-6）。

（5）一层临河有前院

临河的单幢民居通常在屋前有院，院内分别在两边隔出厢房，用作厨房、储藏等功能。院后正房大多为三间，

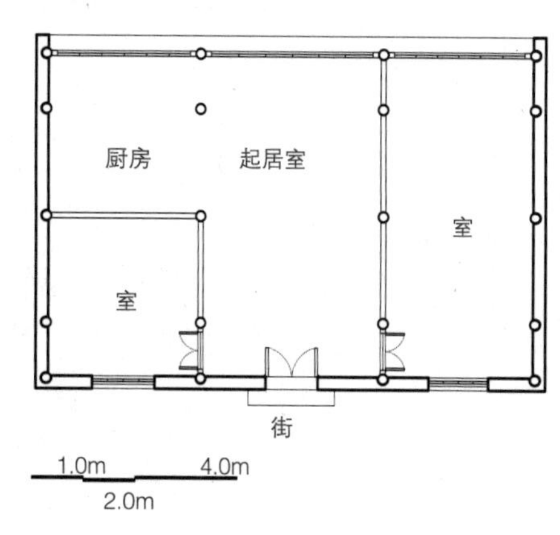

图2-3 仓桥浜14号平面图

1 阮仪三，邵甬. 江南古镇. 上海：上海书报出版社，2000：184.

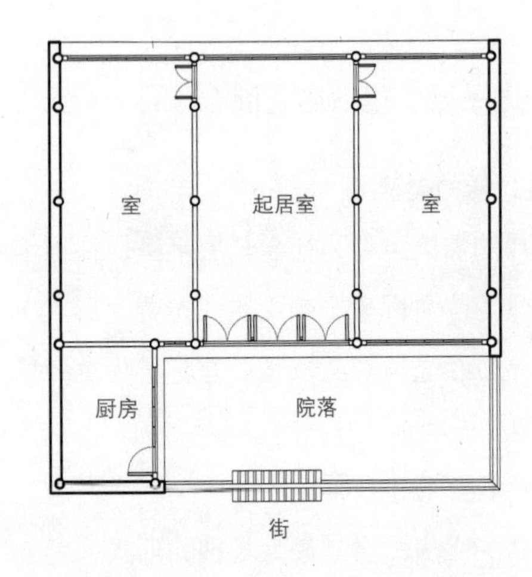

图2-4　阊门横街34号平面图

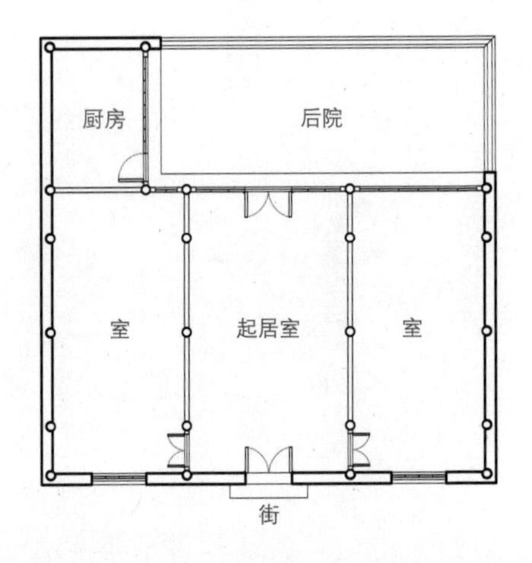

图2-5　一层沿街有后院示意图

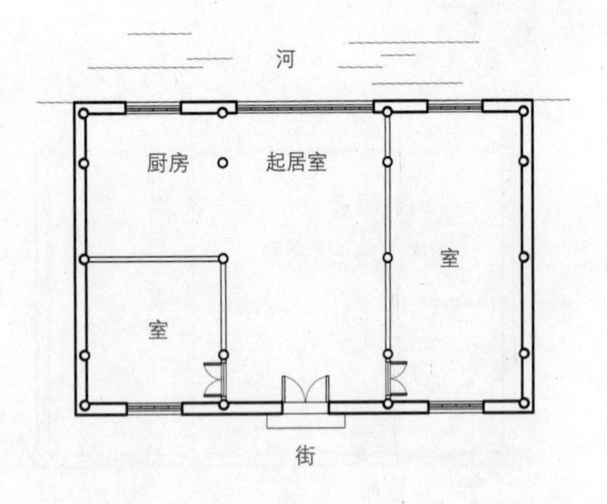

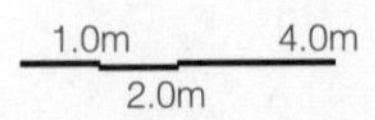

图2-6　一层临河无院子示意图

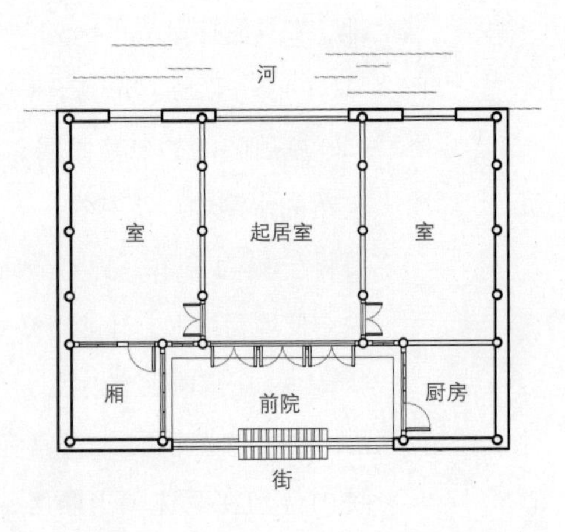

图2-7　一层临河有前院示意图

正间为堂屋，次间作卧室（图2-7）。

（6）两层无院子

由于用地不够和家庭人口增多、经济条件改善等原因，二层民居逐渐增多，这类民居通常在一层以起居会客和厨房为主，主要居住功能移至二层（图2-8）。

（7）两层有前院（后院功能布局与一层沿街类似）

格局与无院子类似。厨房、厢房等次要功能依然偏居院子两侧，卧室通常放在二楼（图2-9）。

（8）下店上宅无院子

把一进单层原有（厨房除外）的功能移至二层，在底层开设沿街店铺门面，背街面通常作厨房、储藏等辅助用（图2-10）。节省成本同时也更有效利用土地的一种方式，常出现于前街后河等用地局促的位置。

2．一进民居的布局与功能特点

（1）平面布局

单幢三间形式的建筑在一进民居中最为常见、最为简单，除经济能力外，也因“不过三间五架”的规定，过去在广大社会中下阶层中普遍存在。这类民居的普遍特点是占地小，类型多样。由于单幢建筑需要承担居民生活起居会客等所有的功能和用途，所以内部布置的变化也相当多，其中二层的单幢民居常被用作下店上宅，其居民通常为社会平民中的手工业者。因其简陋、材质一般而不易传承，这类民居如今已不多见。

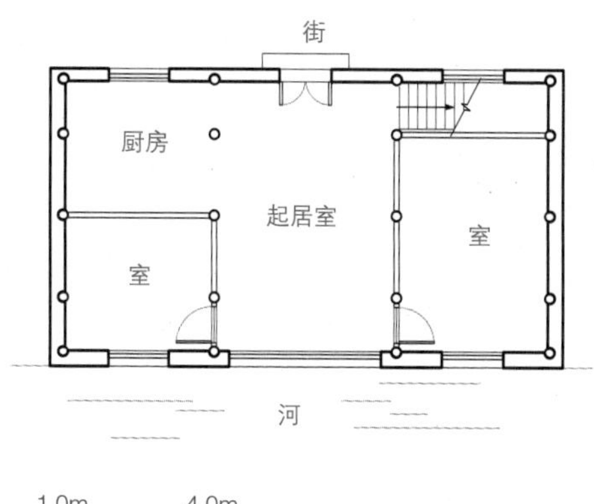

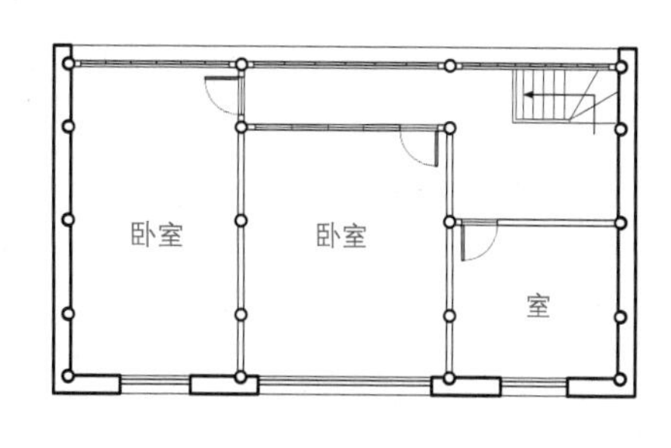

图2-8　通关桥下塘8号

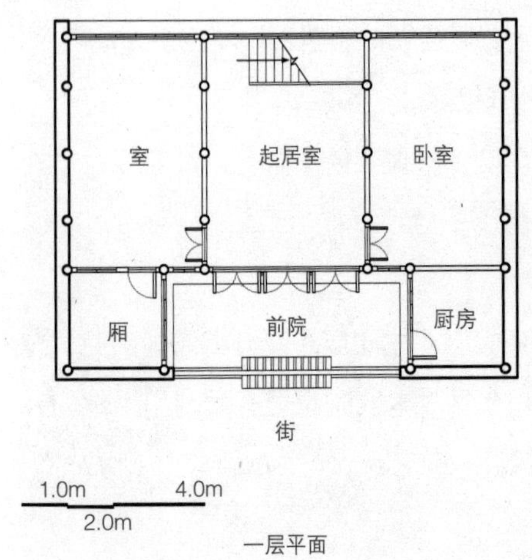

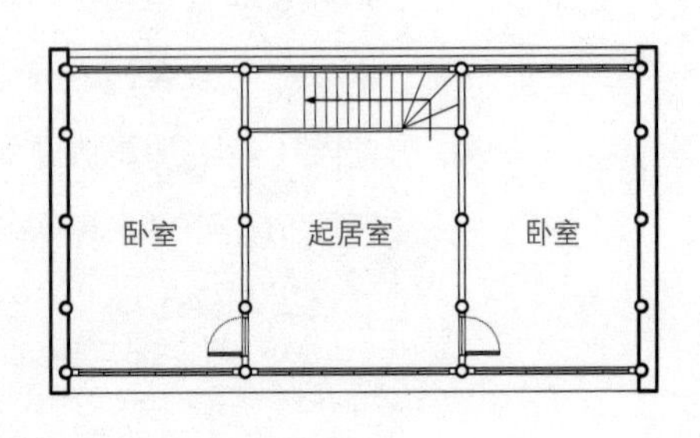

图2-9　两层有前院示意图

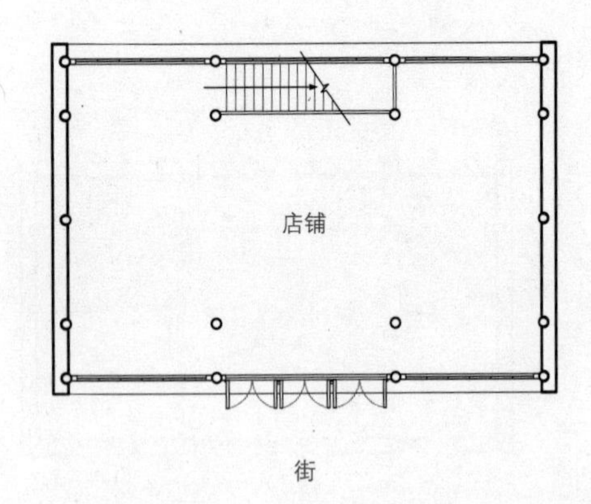

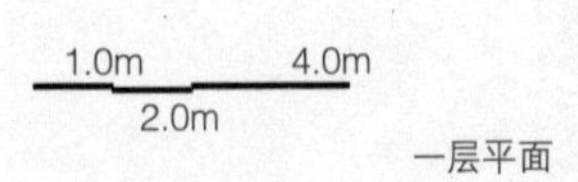

一层平面

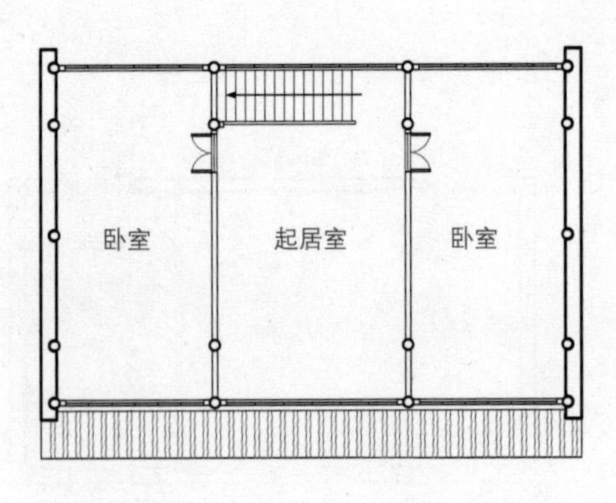

二层平面

图2-10　周庄迷楼

（2）功能安排

单幢三间民居通常只具有最基础的功能，比较常见的形式为：中间为门间，两旁为卧室和炉灶，厨房常位于门间后部或后院一侧。建筑后部常见为后院菜地或者临河。

一进民居类型归纳

表2–2

层数	一层			两层		
功能	居住		宅店混合	居住		下店上宅
平面图例	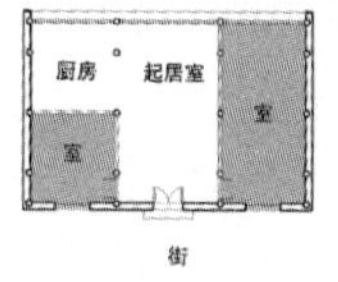	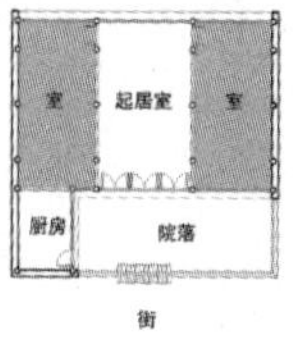 （前院） 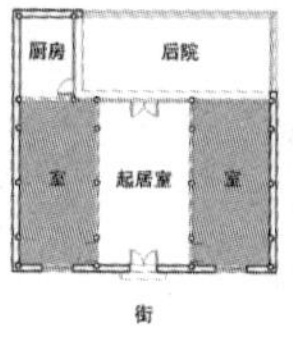 （后院）	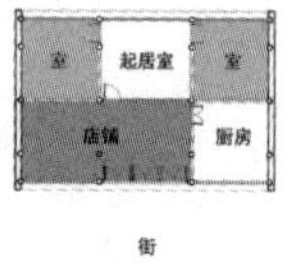 备注：一般无前院，后院类似沿街一层民居	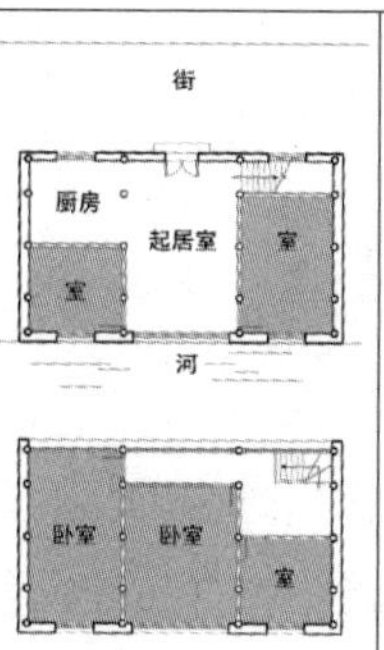	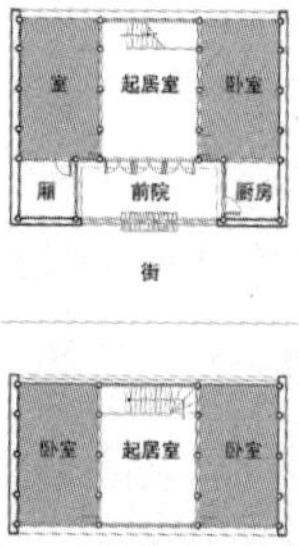 （前院） 备注：后院类似沿街一层民居	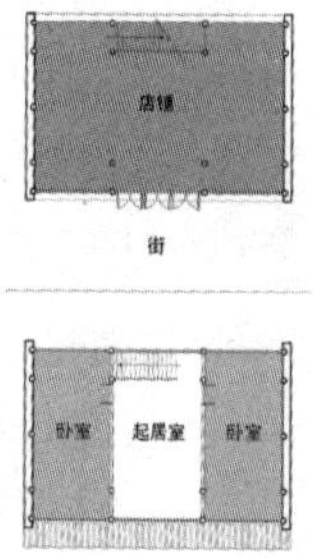 备注：一般无前院，后院类似沿街一层民居
平面特点	（1）入口多沿河或沿街； （2）内部承担所有居住功能； （3）后院常有围墙，设有猪圈禽舍、菜地、农具储存； （4）前院布置简单，门斗简陋		（1）入口在沿街道一侧，或背靠河岸而建； （2）同时承担商业及居住功能； （3）一般无前院，可能有后院	（1）内部功能上下层初步分隔； （2）前院布置简单，门斗简陋		（1）下店上住； （2）店铺沿街，无前院，可能有后院
院落类型	可有前、后院		无前院，可有后院	可有前、后院		无前院，可有后院
位置类型	类型丰富，沿街、沿河、面街背河、背街面河、侧面沿街、侧面沿河		店铺沿街			店铺沿街

二、二进民居（包括店宅混合）

1．二进民居的类型

二进民居通常由前后两进房屋与之间的院落组成，主要分为纯居住与前店后宅两类，其中纯作居住者有一、二层之分，通常第一进不高于第二进；同时因厢廊的有无而有所变化。按平房、楼房组合形式可分三种：

（1）前平后平（两种廊厢配置：a．无廊、厢房，b．有单侧或两侧厢房）

常见有两种功能布局形式，一种为二进居住，另一种为前店后宅。

二进居住是由前后两排建筑与中间院落形成，常见的形式是南或北临街。第一进为门厅和辅助居住，第二进为主要居住功能。一、二进之间的院落可能有单侧或双侧的厢房作为辅助使用（图2-11）。

前店后宅是第一进为店铺，第二进为居住房屋，相比较下店上宅民居，多了院落的休闲空间，对外经营部分和居住部分也更好地分隔开（图2-12）。因其居住面积和平面特征与现代生活需求相近，如今这类传统民居多已被改造或被改建。

（2）前平后楼（三种廊厢配置：a．无廊、厢房，b．有单或双廊，c．有单侧或两侧厢房）

前后两排建筑与中间院落形成的二进民居。第一进为门厅，第二进为楼厅，主要为了增加居住面积。一、二进之间的院落可能有单侧或双侧的连廊或厢房作为辅助使用（图2-13）。

（3）前楼后楼，多有厢房并可能有楼厢、后院

前后进均为楼厅，居住和使用空间增多。院落两侧有厢房或楼厢（图2-14）。如有后院多用作菜地、储存室等。

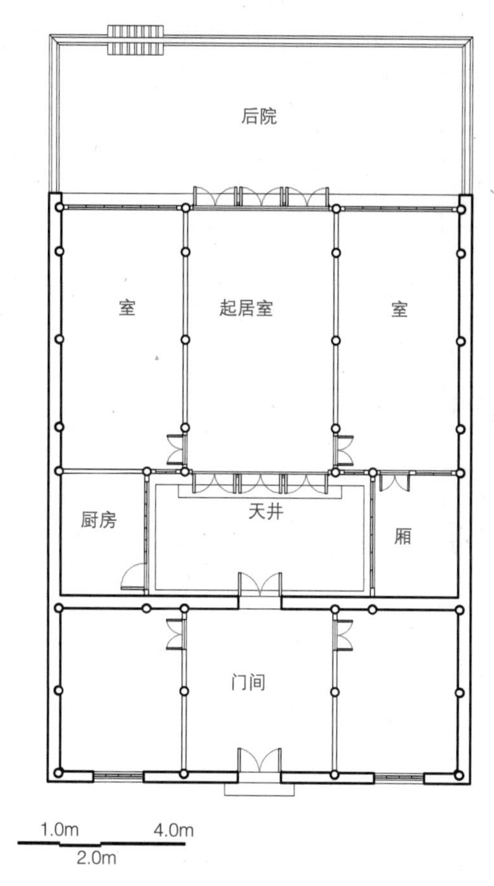

图2-11　仓桥浜30号（二进民居）

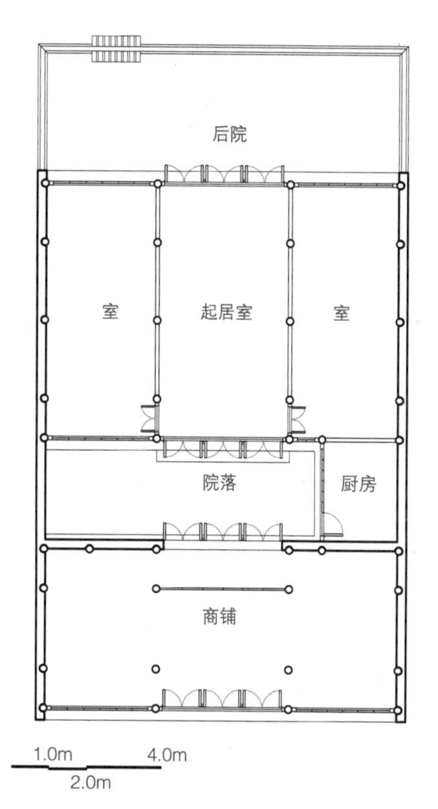

图2-12　前店后宅示意图

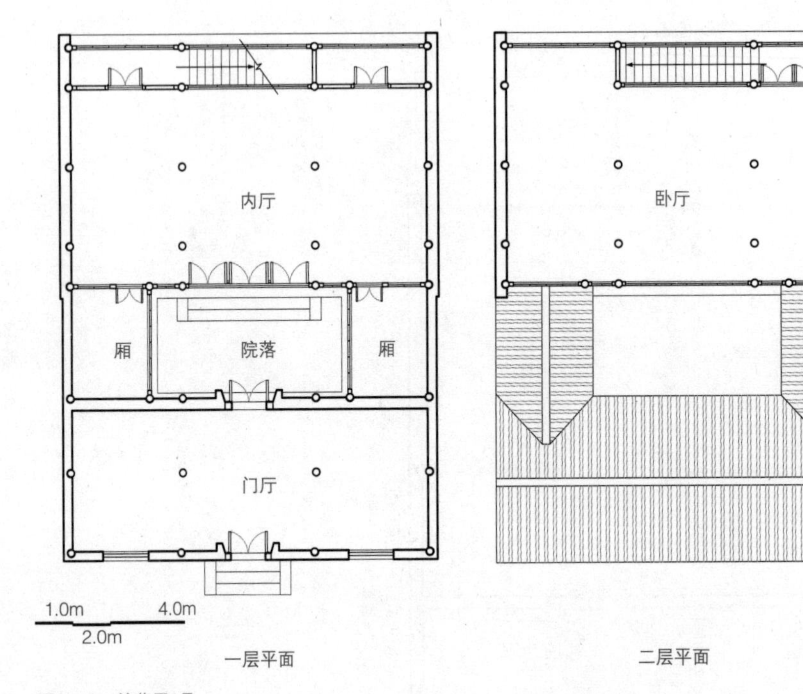

图2-13　兰芬里1号

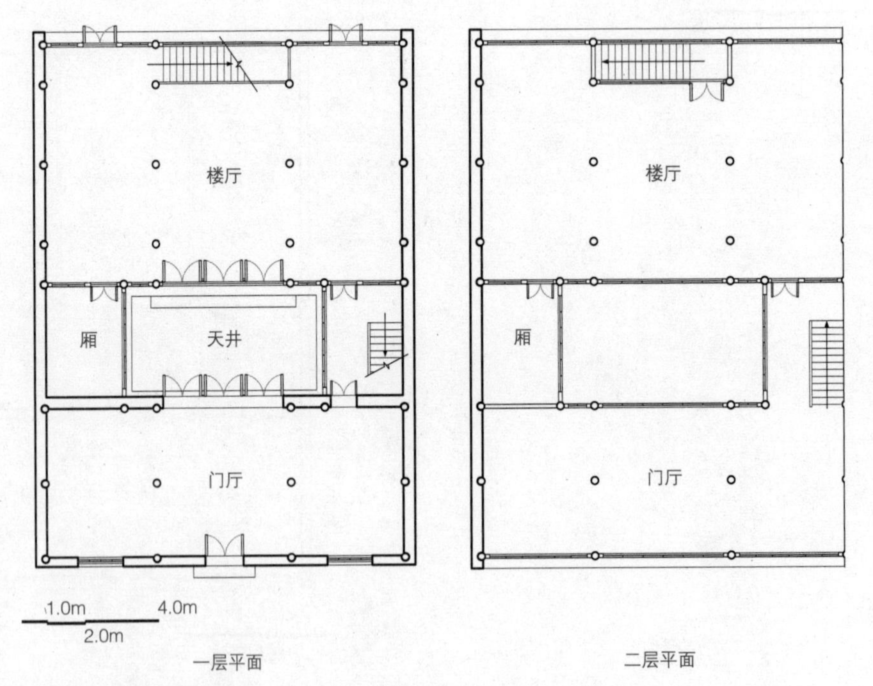

图2-14　前楼后楼示意图

二进民居类型归纳 表2-3

类型	前平后平		前平后楼		前楼后楼
廊厢配置	无厢房	单或双厢房	无厢房	单或双廊、厢房	单或双廊、厢房、楼厢
平面图例					
平面特点	（1）两排一层建筑； （2）内外初步分隔	（1）两排一层建筑； （2）第二进可能连廊或有厢房； （3）内外初步分隔	（1）两排建筑。第一进为一层门厅，第二进为楼厅； （2）内外分隔	（1）两排建筑。第一进为一层门厅，第二进为楼厅； （2）多有厢房； （3）内外分隔	（1）两进均为楼厅； （2）可能有楼厢； （3）内外分隔； （4）可能有后院

2. 二进民居的布局与功能特点

（1）平面布局

在一进宅院的基础上，增加一排房屋，之间形成院落，院落一侧或两侧均可布置连廊或厢房，具体没有固定做法而纯视屋主意愿。建筑体量一般为面阔三间进深五架。

（2）功能安排

单层建筑的二进民居，通常第一进主要安排对外和辅助功能，第二进主要用作卧室和重要起居活动。如有厢房，一般是辅助使用功能或次要卧室。二进民居相较于二层一进民居有了进一步的内外分隔，其第一进可专用为店坊。

（3）剖面空间

二进民居有前后皆平、前平后楼、前后皆楼等组合，可能出于有利日照和通风的考虑，未见有前楼后平的做法。厢房多为平房，如果前后皆楼，厢房也有做两层。前后进之间的院子进深一般小于房屋进深。

三、三进民居

1. 三进民居的类型

三进民居通常为门厅、客厅、卧厅这三进建筑，其中门厅兼具轿厅功能，卧厅兼具内厅功能。平房和楼房组合形式主要有三种，分别为：平平平（图2-15），平平楼（图2-16），平楼楼（图2-17）。廊厢组合也是三种形式:（1）无廊、厢房,（2）有单或双廊,（3）有单侧或两侧厢房。

三进民居的第二进和第三进均有院落，比二进民居更便于进行内外分隔，并主要是增加家人起居空间。院落可有单侧或双侧的连廊或厢房作为辅助功能使用。

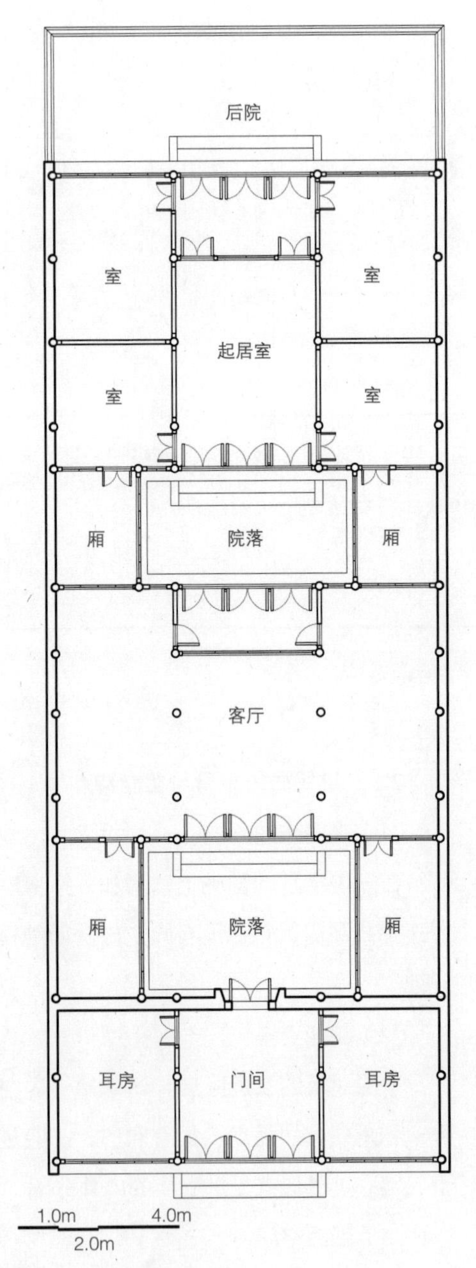

图2-15　平平平示意图

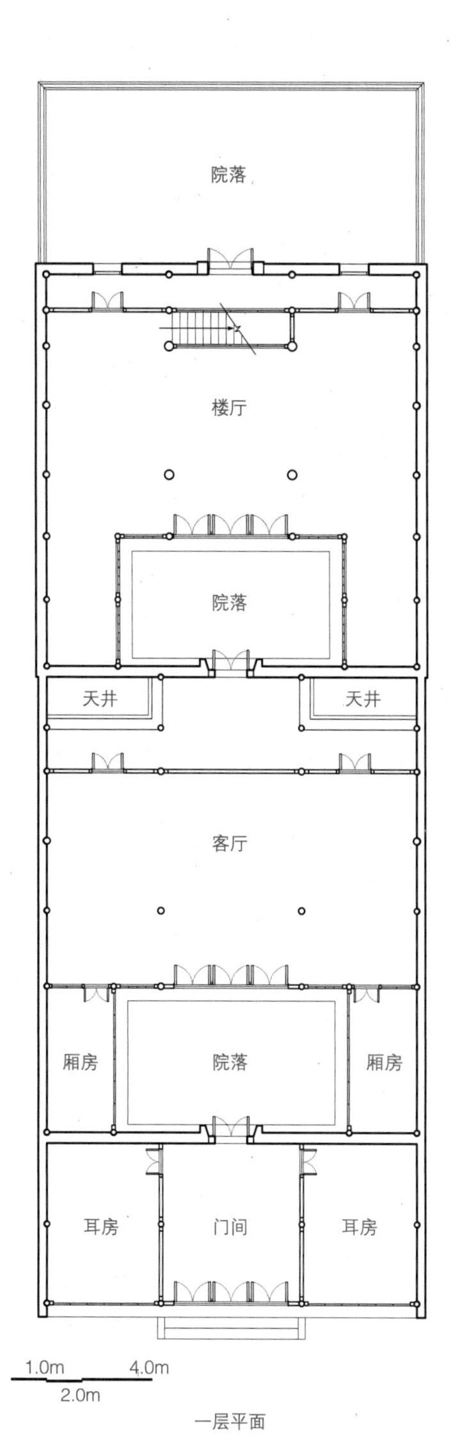

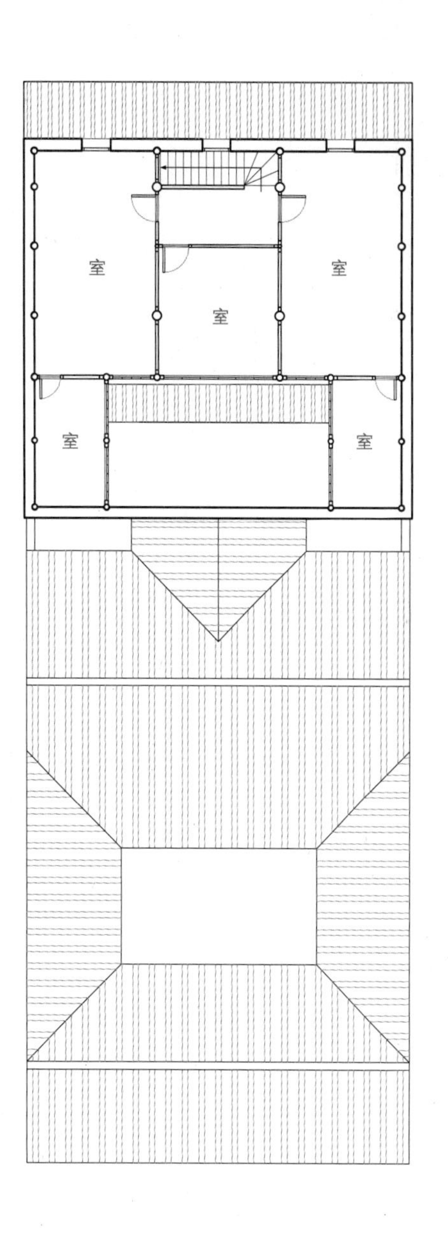

图2-16 平平楼示意图

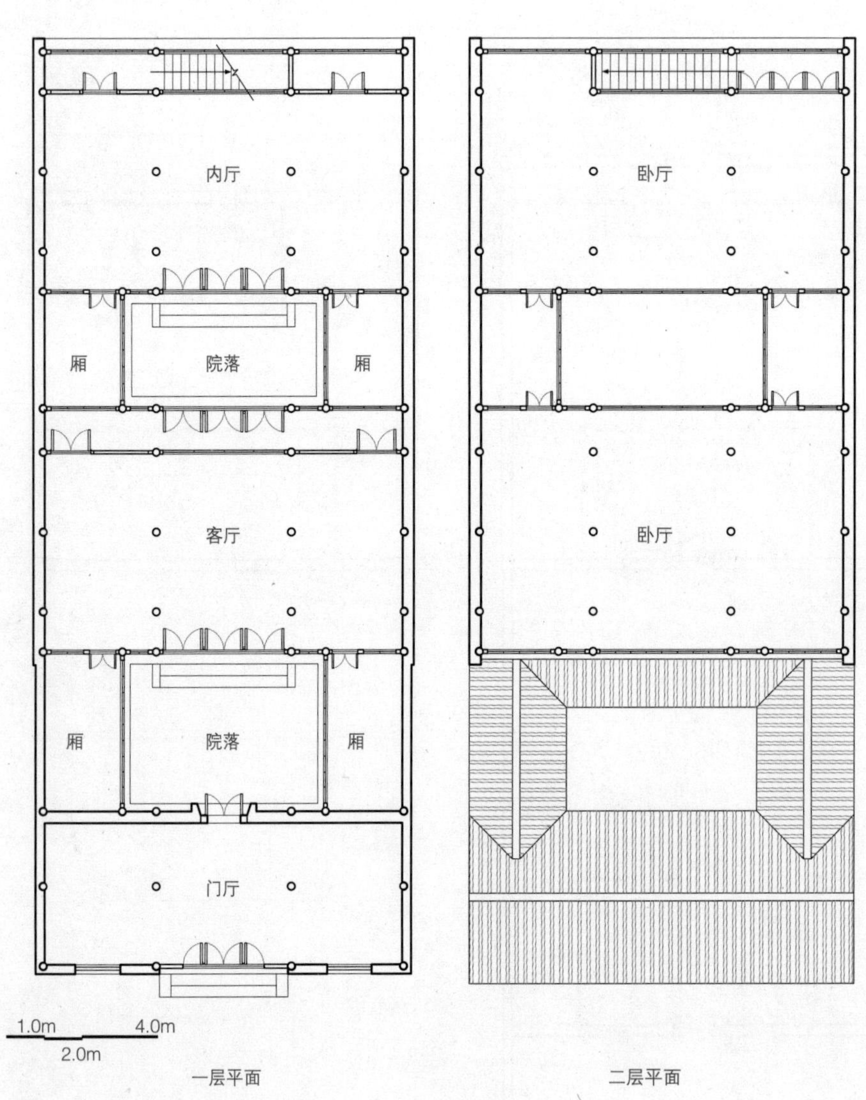

图2-17　平楼楼示意图

三进民居类型归纳

表2-4

类型	平平平		平平楼		平楼楼
廊厢配置	无厢房	单或双廊、厢房	无厢房	单或双廊、厢房	双廊、厢，可有楼厢
平面图例	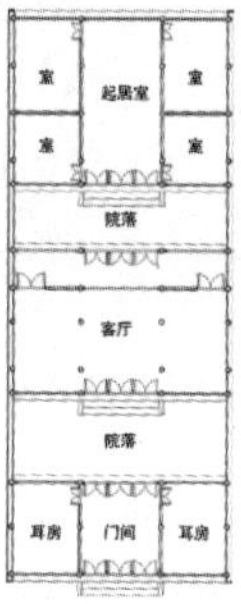	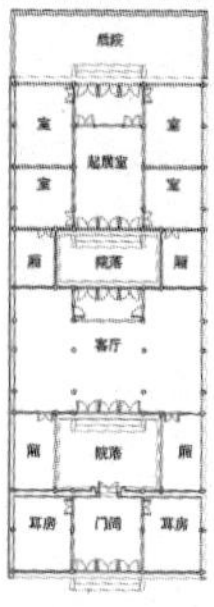	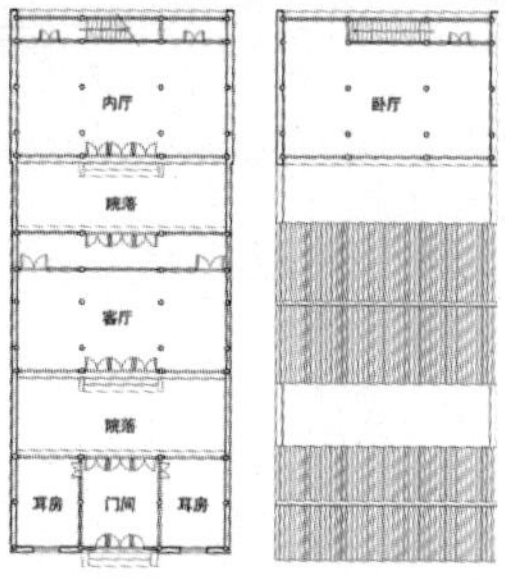	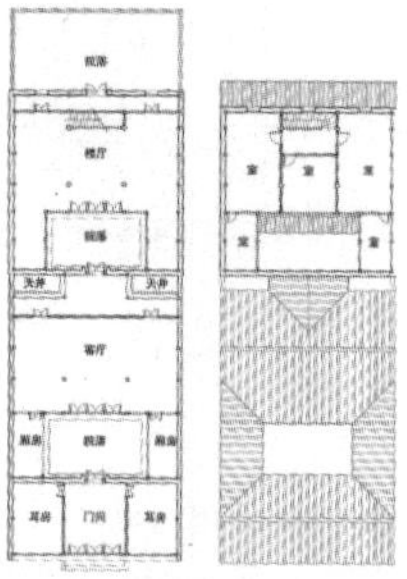	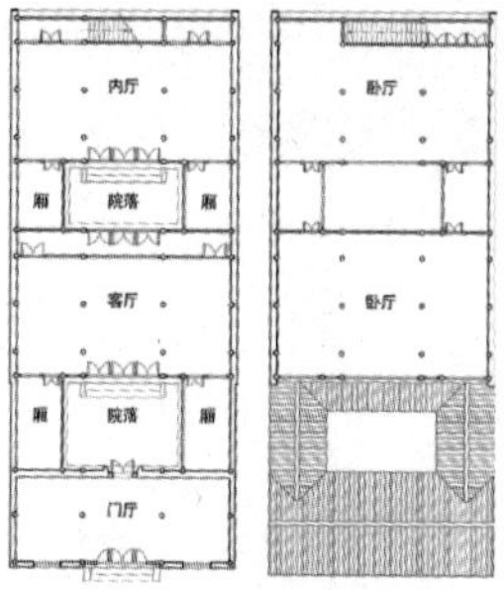
平面特点	（1）三排平房； （2）前后院落布局均衡； （3）可有连廊或厢房		（1）前两排平房，第三进楼厅； （2）院落布局前松后紧； （3）可有连廊或厢房		（1）前排平房，二、三进楼厅。客厅在二进楼下，略显局促； （2）二层楼围合院落较为封闭； （3）可有连廊或楼厢

2. 三进民居的布局与功能特点

（1）平面布局

在二进民居的基础上，沿中轴线增加第三进房屋 ，即为三进民居。典型序列为门厅、客厅、卧厅三进建筑，其中卧厅多为二层的楼厅。

（2）功能安排

功能较初步分开的二进民居分区更加明确，内外有别的仪规明显。功能构成与布置的内外分隔更为细致，有更多的卧室和房间，能满足人口较多、结构更复杂的家庭使用。

（3）剖面空间

与二进民居的剖面特点类似，楼厅位于后部，剖面中檐口高度呈升高的态势。第二进客厅单体规模为全宅平房中最大，檐口高度约比门厅高出二成。各进房屋通常都是逐进抬高室内地坪面。

根据用地的尺度，院子的进深一般等于或略小于后厅进深。结合多数实物来看，客厅前的院落进深通常大于后一进院落，以加强客厅的气派庄重感。

四、四进民居

1. 四进民居的类型

四进民居通常为门厅、轿厅、客厅、卧（楼）厅组成；也有门轿合一，加客厅、内厅、卧厅，且内厅、卧厅多为楼厅（图2-18、图2-19）。平房和楼房组合形式主要有两种，分别为：平平平楼，平平楼楼。廊厢配置也是三种：（1）无廊、厢房，（2）有单或双廊，（3）有单侧或两侧厢房。

2. 四进民居的布局与功能特点

（1）典型序列

门厅、轿厅、客厅、卧厅（内厅、卧厅功能合并或叠并）。

（2）第四进卧厅多为楼厅，究其原因，从作用角度分析一般似有以下几个考虑：

①节省用地：因为用地情况限制，故合并内厅、卧厅功能而以楼厅的形式建造。

②家庭人口：为了家眷居住的舒适，一层的卧厅已经不能满足其居住的要求，楼厅可安排较多卧室，更适合人数较多的家庭使用。

③卧室防潮：苏州的地理和气候条件以及每年的梅雨季节特点，使得防潮也是不得不考虑的一个因素，而二层的楼厅主要安排卧室，衣物等软质物品可以有效避免湿霉。

④通风：与防潮的原因类似，二层的楼厅在通风方面的作用也明显优于底层。

⑤安全礼仪：门、轿、客三厅分开更符合正规封建礼仪；家中女眷常常居住在卧厅的二层，进一步起到与非女眷活动分隔的作用。

3. 功能安排

功能构成与布置各厅分开，并与内外有别的礼仪相吻合。门厅是与户外交往、全宅关防所用；轿厅主要作为停轿备茶、迎送宾客之所；客厅则是主人接待宾客和日常生活起居的场所，是家庭主要活动和对外接待场所，也是全宅体量最大的建筑；卧厅则是家眷居住的地方，一般在正间供奉先祖牌位（如是楼厅则供奉在底层正间）。

4. 剖面空间及院落空间

剖面空间及院落空间特征与五进民居相似，在五进中详细阐述。

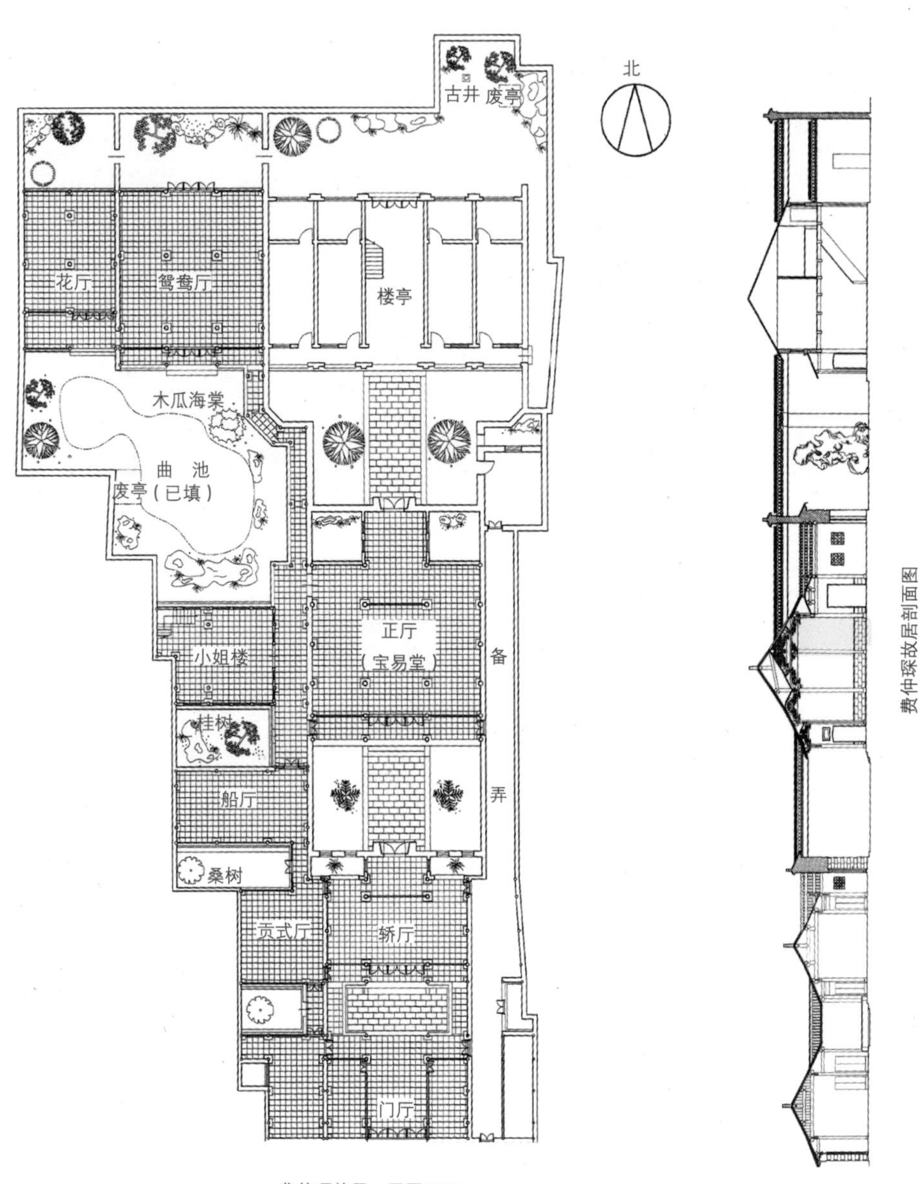

费仲琛故居一层平面图

图2-18 费仲琛故居[1]

1 苏州市房产管理局. 苏州古民居. 上海：同济大学出版社，2004.

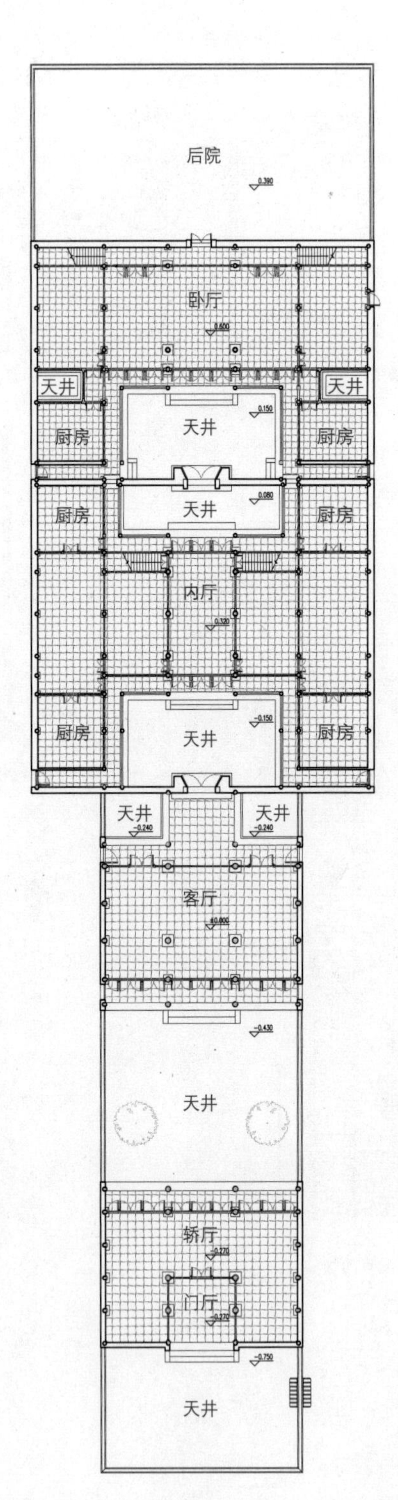

图2-19 王鏊故居一层平面图

第三节 代表型民居（五进民居）

本研究把以五进厅堂组成的民居称为“代表型民居”，因其生活居住功能合理完善，传统礼仪形式完整而相对简洁，主次分明，内外分隔，主宾有序；建造质量上乘，艺术水平精湛，文化氛围浓厚，现存数量较多。

一、平面布局特征

1．典型序列

五进房屋，自南而北（自外而内）序列：门厅、轿厅、客厅、内厅、卧厅；客厅及其后各进通常面阔五间（三开间），进深六界以上（图2–20）。

2．面阔与进深尺度关系

苏州传统民居各厅正间面阔的确定涉及多种因素，既要考虑实际需要（即所谓适用的原则），又要考虑实际可能（如所用木材的长短、径寸等），并要受到封建等级制度的限制。开间、进深的具体尺寸采用当地特有的“紫白尺”（曲尺）为度量单位，紫白尺长度一尺等于27.5厘米。还有门光尺（八字尺，图2–21、表2–6）配合紫白尺使用，主要用于度量门宽，一尺等于1.44紫白尺，等分为8份。

《鲁班营造正式》中记载紫白尺（曲尺）与门光尺（八字尺）文如下：“八字尺乃有曲尺一尺四寸四分；其尺间有八寸，一寸准曲尺一寸八分；内有财、病、离、义、官、劫、害、吉也。凡人造门，用依尺法也。”清《工段营造录》中载：“门尺有曲尺、八字尺二法。”“八字：财、病、离、义、官、劫、害、本[1]也。曲尺十分为寸：一白，二黑，三碧，四绿，五黄，六白，七赤，八白，九紫，十白也。”

古人认为，按门光尺度量确定的门户，可光耀门庭，故名之。《鲁班寸白集》说：“财者财帛荣昌，病者灾病难免，离者主人分张，义者主产孝子，官者主生贵子，劫者主祸妨蔴，害者主被盗侵，本者主家兴崇。”由上可见，财病离义官劫害吉（本）八字中，财、义、官、吉四字为吉，病离劫害四字为凶，故亦称“八字尺”（八个字，命运八字）。

在确定正间面阔时，正间门扇根据主人身份、厅堂等级规模可分为四扇、六扇或八扇，门宽尺寸

1 此书中“本”通“吉”字，（清）李斗，工段营造录，《扬州画舫录》卷十七。

必须同时符合门光尺上“财”“义”“官”“吉”等吉字的尺寸。主人身份不同，选取尺寸也会有相应的差异。

如果正间面阔为十二尺（按上述换算表合3300毫米，下同）或十四尺（3850毫米），次间与正间相等或减二尺，多为十二尺（3300毫米）。传统民居的进深每界多为三尺半（约962.5毫米），四界进深十四尺（3850毫米）、六界进深二丈一（5775毫米）、七界进深二丈四尺五（6737.5毫米），九界进深三丈一尺五（8662.5毫米）。

苏州传统民居在客厅多采用设置前轩、后轩以加大厅堂进深的方式来规避逾制。小型的轩如茶壶档轩，约三尺五到四尺五（960.5 ~1227.5毫米）；弓形轩，约四尺到五尺（1100~1375毫米）；中型的如菱角轩及圆料船篷轩，约六尺到八尺（1650~2200毫米），大型的轩如扁作鹤颈轩可达八尺到一丈（2200~2750毫米）。

明代在第宅等级制度方面有严格的规定，洪武二十六年（公元1393年）定制：六至九品官员私宅的厅堂三间七架，正门一间三架；庶民正厅不得超过三间五架。洪武三十年重申：房屋可以多至一二十所，但间、架不容增加。正统十二年（公元1447年）稍作变通，架数可以加多，但间数仍不能改变。清代大体因袭明代传统，由于清代经济有较大发展，富民、富商有建大宅的要求，虽限制较严，正房明（开）间间数仍只限三间，但通过在次间两侧加建梢间，并多通过走廊与厢房相连，形成总面阔五间（三开间）的厅堂（楼）。

二、功能安排

功能沿轴线布置，由外而内依次按门厅、轿厅、客厅、内厅、卧厅排列。很多民居在客厅与内厅之间还有砖雕门楼与隔墙，以进一步分隔围护专供家眷起居的内部空间。

1. 门厅

门厅正间为过厅，有设屏（固定和可移动两式都有）以隐宅内的做法；两侧次间常设门房，或供门卫、轿夫等男仆休寝之用。

2. 轿厅

轿厅，顾名思义是停轿备茶之所，一般正间通行（有的设门槛，冬天可以装门以阻断风道），次间停轿，为出入宅第的主人、宾客在此停轿、下轿的地方，相当于现代的私家车库。轿厅俗名茶厅，也是供轿夫仆佣等喝茶休息之处。

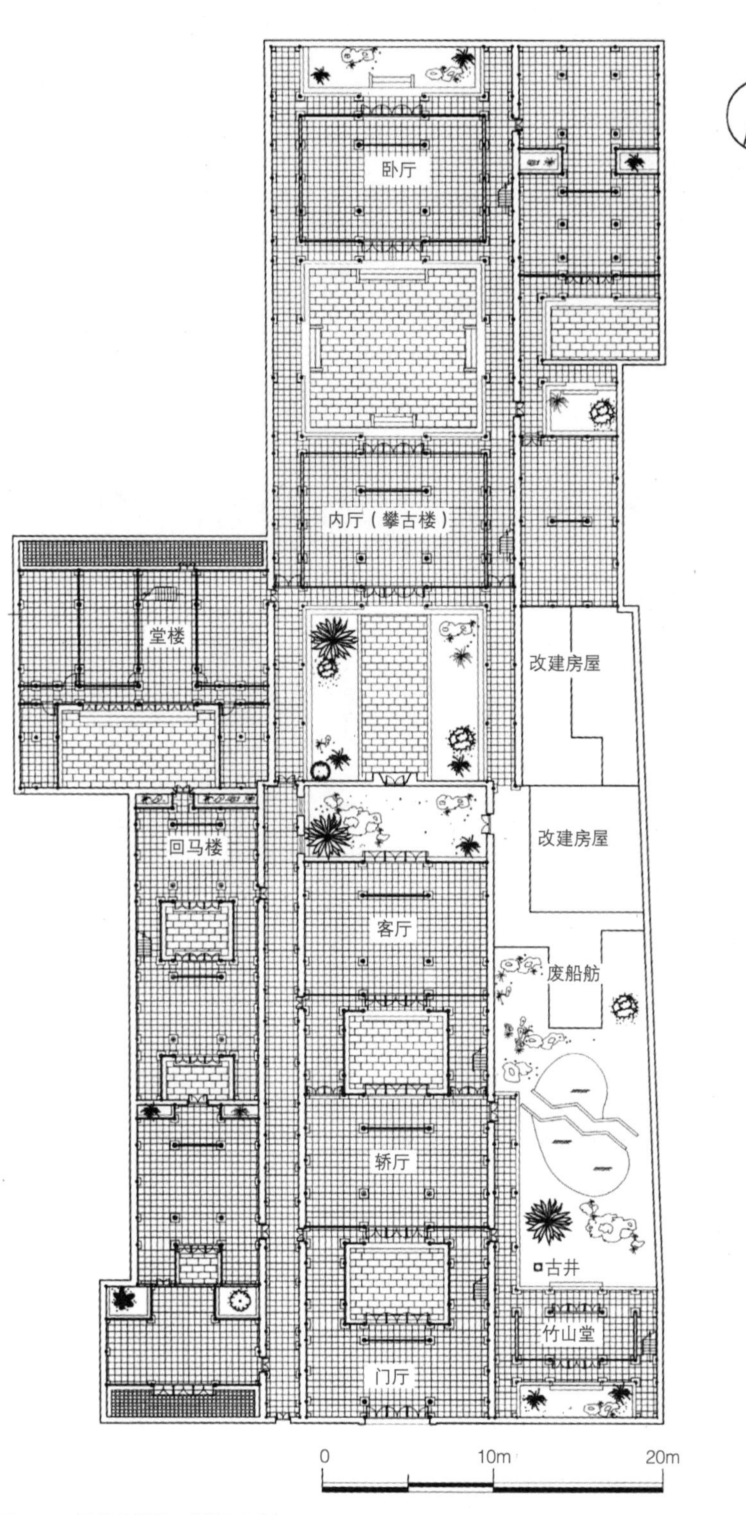

图2-20 潘祖荫故居一层平面图[1]

1 苏州市房产管理局．苏州古民居．上海：同济大学出版社，2004：120.

代表型民居常规做法　　表2-5

进数	第一进	第二进	第三进	第四进	第五进
厅名	门厅	轿厅	客厅	内厅	卧厅
主要功能	出入口（门房、男仆休寝、轿夫歇脚）	停轿备茶，迎送宾客，临时茶歇，次要会客场所	全宅中心，体量最大，是主要的家庭重要活动和正式接待场所	正间供奉先祖牌位、生活起居，其余多为小辈卧室或亲眷客居	长辈起居处，户主夫妇、未成年女眷生活起居，卧室
面阔	面阔三间。正间较宽，次间较正间减二尺。正间3300～3850毫米，次间2750～3300毫米		面阔五间或三间。正间较宽，次间较正间减二尺，梢间较次间再减二尺。 正间3850～5500毫米，次间3300～4950毫米，梢间2750～4400毫米		
进深	多为四界，豪贵宅有六界例（3850毫米，5775毫米）	一般多为六界（5775毫米）	七界～九界（6738毫米，8663毫米）	多为七界（6738毫米）	
材制	梁架圆作，六界有扁作	梁架多圆作，也见扁作	用材全宅最大，梁架扁作，常分为前廊轩、前轩、内四界、后轩、后廊轩，可酌减	梁架多圆作，亦有扁作做法，常设前廊轩	梁架通常圆作，常设前廊轩
饰纹	按轿厅做法酌减并协调	按客厅做法酌减并协调	全宅最考究，梁、桁、枋、轩上施以雕刻、彩绘	梁、桁、枋、轩上常施雕、饰，按客厅稍减	梁、桁、枋、轩上常施雕、饰，按内厅酌减
备注	门居中，对门多有外影壁。正间四扇墙门（有六扇做法，因是衙门扇数，为识者笑《长物志》），也有两扇将军门做法	轿厅与门厅之间用边廊联通，偶有在正间位置用中廊相连的做法（亦因是衙门做法，明代多忌用《长物志》）	正间用抬梁结构，次间、梢间用穿斗结构，偶见次间亦用抬梁。厅内柱少，可获得较大空间。构造精巧、装饰华贵，体现主人身份和地位	明代多是一层，后多见两层楼厅。前院两侧常配厢房	明代多见一层，后多为两层楼厅。楼厅式内厅、卧厅间常用厢楼相连，组成双层四合院，俗称“走马楼”

紫白尺与公尺换算表（毫米） 表2-6

—	0	1	2	3	4	5	6	7	8	9
0	—	27.5	55.0	82.5	110.0	137.5	165.0	192.5	220.0	247.5
1	275.0	302.5	330.0	357.5	3850.	412.5	440.0	467.5	495.0	522.5
2	550.0	577.5	605.0	632.5	660.0	687.5	715.0	742.5	770.0	797.5
3	825.0	852.5	880.0	907.5	935.0	962.5	990.0	1017.5	1045.0	1072.5
4	1100.0	1127.5	1165.0	1192.5	1210.0	1237.5	1265.0	1292.5	1320.0	1357.5
5	1375.0	1402.5	1430.0	1457.5	1485.0	1512.5	1540.0	1567.5	1595.0	1622.5
6	1650.0	1677.5	1705.0	1732.5	1760.0	1787.5	1815.0	1842.5	1870.0	1897.5
7	1925.0	1952.5	1980.0	2007.5	2025.0	2062.5	2090.0	2117.5	2145.0	2172.5
8	2200.0	2227.5	2255.0	2282.5	2310.0	2337.5	2365.0	2392.5	2420.0	2447.5
9	2475.0	2492.5	2530.0	2557.5	2585.0	2612.5	2640.0	2667.5	2695.0	2722.5
10	2750.0	2777.5	2805.0	2832.5	2860.0	2887.5	2915.0	2942.5	2970.0	2997.5

注：此表为紫白尺转换为公尺，数据单位为毫米。

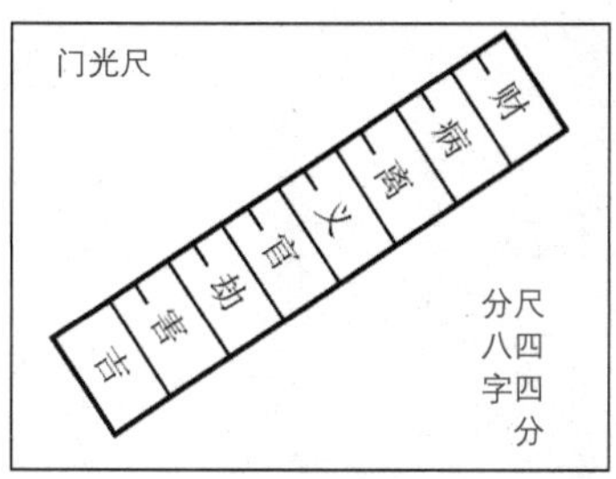

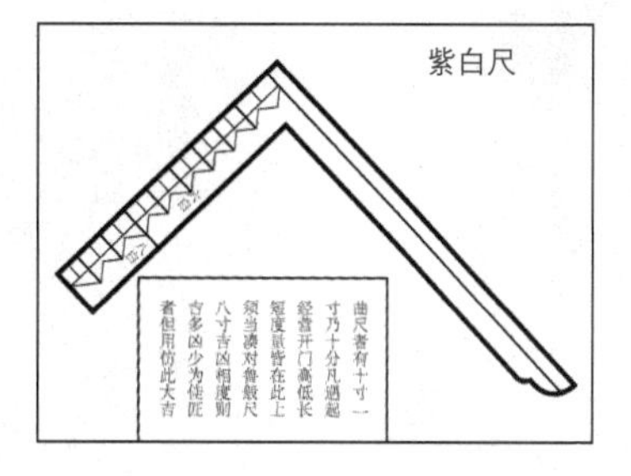

图2-21 门光尺与紫白尺

3. 客厅

客厅是正规礼仪厅堂，集多种功能用途为一体，是主人接待宾客、喜寿吉庆、宴请宾朋、议会之所。客厅陈设布局为敞厅，三面围合，南面满开槅扇门。室内家具陈设，正间后部屏门前摆放天然几、大供桌，左右两列方茶几与太师椅，屏门正上方高悬匾额，中间挂大幅“中堂”国画，两侧挂对称的楹联。屏门两边留有通道贯通前后功能区。客厅室内陈设相对固定，摆放形式对称，亦可随机调整。一方面体现主人的身份，另一方面彰显主人的文化涵养（图2-22）。

輔佐三朝匡社稷山中宰相無雙
堂

图2-22　王鏊故居客厅（惠和堂）室内陈设

4．砖雕门楼

砖雕门楼多设置在客厅和内厅之间，起分隔内外功能区的作用。大宅前半部分的活动在某种程度上更具有仪式化、社会化的特点，后半部分则显得轻松休闲，富于生活情趣。

5．内厅

内厅位于客厅之后，自成院落，一般通过砖雕门楼与对外功能的前三进厅堂分隔开来。其格局和陈设也讲究对称、均衡，但整体营造的氛围较客厅亲切自然、和谐宜人。内厅正间为内眷生活起居厅堂，靠北设有长几安放祖先牌位，前置方桌，左右两边设两把椅子，顺着墙壁东西两边，摆放三椅二几，整体的陈设格局与礼仪性厅堂比，显得活泼自然，营造出一种具有家庭生活气氛的厅堂空间。内厅也有两侧附带东西厢房的做法，为儿女读书学习或是晚辈居住的场所。内厅如建有两层，则二楼多为晚辈卧室。总的来说，内厅较客厅有更强的私密性，更生活化而少礼仪化。

6．卧厅

卧厅为主人生活起居厅堂，自成院落，位于中轴线最后一进。两侧厢房常作厨房、书房之用。有些民居后两进楼厅间通过厢楼相连，组合成双层四合院，俗称“走马楼”。苏地气候潮湿，一般卧厅底层主要供主人生活起居，通风光照良好的二层用作主人卧房、未出嫁的小姐闺房，私密性较强。由于以休憩功能为主，门窗、槅扇和顶棚一般不做过度雕饰，室内放置卧榻、架子床等寝具，配橱柜、案几、梳妆镜台、椅子、脸盆架、多宝橱等，墙上往往有挂屏与字画。

厨房作为主要的服务性辅房，为火烛安全和避免炊事影响生活起居，常单独设置，通过院落分隔与主要功能房间分流、分区。常见的分布位置主要有以下几种：（1）位于多进民居的最末进，与五进主要功能通过院墙隔开，经避弄联系客厅、内厅、卧厅；（2）位于多路民居的边路偏后的方位，一般可通过后门或避弄直接通向街市或河道；（3）进数较少的民居中位于客厅和内厅之间的厢房；（4）规模较小的民居中厨房偏于梢间的四角布置或直接在院落一隅单独设置灶间。

三、剖面空间特征

1．地坪、檐口、屋脊高度的变化

苏州传统民居中各进房屋的檐高取值，具有一定的规律，主要取决于两个要

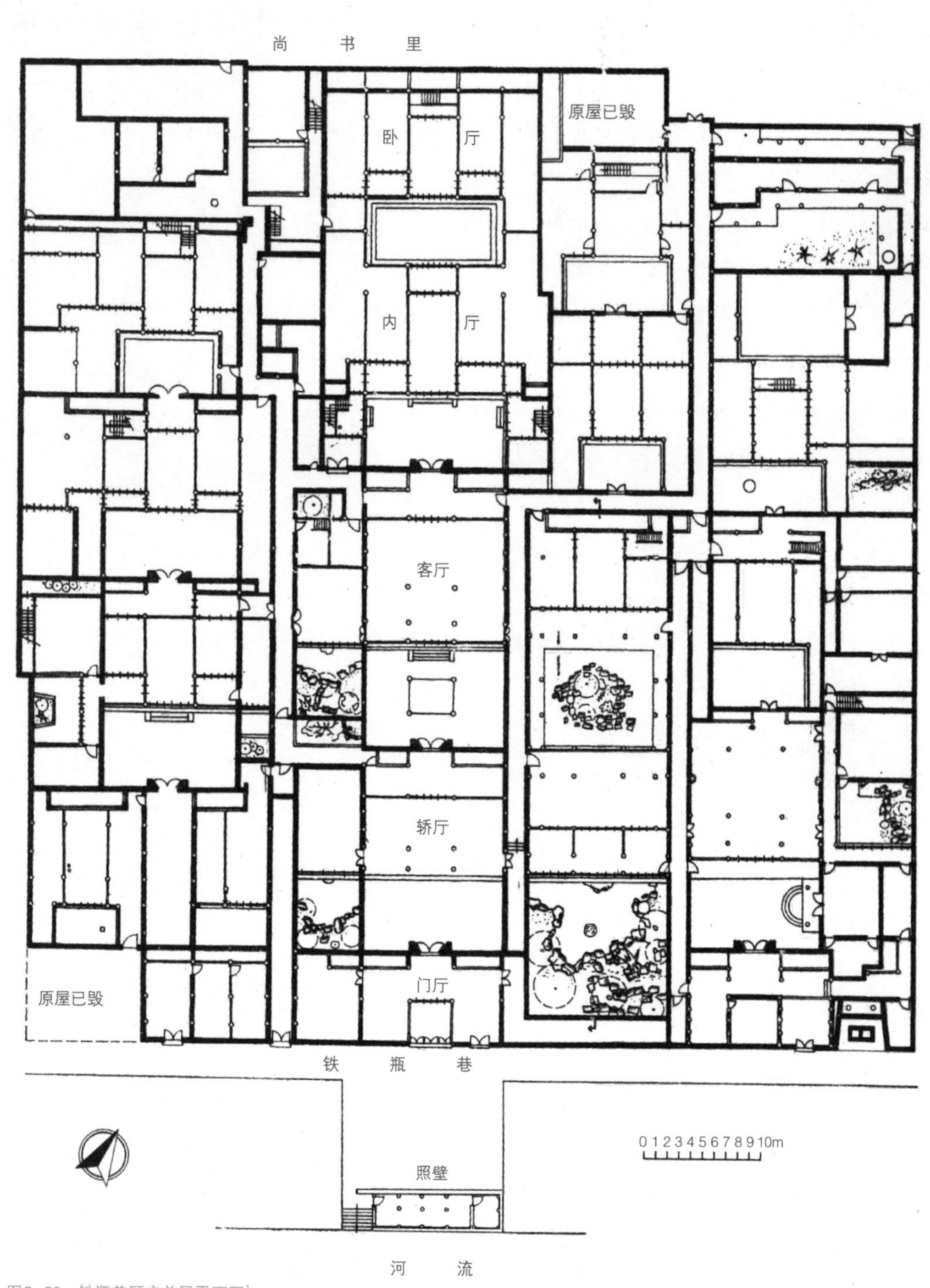

图2-23 铁瓶巷顾宅首层平面图[1]

1 陈从周. 苏州旧住宅. 上海：上海三联书店，2003：169.

素，一是房屋在全宅中所处的地位，二是房屋自身的开间尺寸。一般来说，主要建筑高于次要建筑，各进房屋的檐高取其正间面阔的十分之八。据《营造法原》中记载："门第茶厅檐高折，正厅轩昂须加二，厅楼减一后减二，……地盘进深叠叠高，厅楼高止后平坦，如若山形再提步，切勿前高与后低，起宅兴造切须记，厅楼门第正间阔，将正八折准檐高"。

《〈营造法原〉诠释》一书中解释为轿厅为门厅檐高的九折，似乎诠释反了，而应是门第的檐高是轿厅檐高的九折。而且，一则传统民居现存实物中轿厅檐口普遍高于门厅檐口，二则遵循客厅前各进房屋檐口和地坪递进抬高的关系，前高后低的解释有悖于此原则。

上述口诀可理解为，以各自室内地坪为基准，各进房屋的檐高取其正间面阔的十分之八。门厅檐高为轿厅（茶厅）檐高的九折；客厅（正厅）宜气势宏大，应加二成，即檐高同正间面宽；楼厅二层的前檐高较其底层檐高应减去一成，后檐高应减二成。房屋逐进抬高室内地坪；客厅后面各进房屋地坪与客厅地坪同高。如宅基位于山坡地，则各进房屋应随之抬高。各进房屋地坪切忌前进高而后进低，这些建房原则应切切牢记。

上述原则作为营建参考，实际建造时房屋檐高可根据具体做法和需要相应调整。当内厅、卧厅都是一层时，客厅脊高为全宅最高点。

2. 院落进深变化

苏州传统民居的院落进深尺度，尚能满足基本采光、通风要求。用地较宽裕时，院落深度与其后厅屋进深相等。用地受限时，院深多有缩减，一定程度上会影响采光通风效果。

《营造法原》中记载："天井依照屋进深，后则减半界墙止，正厅天井作一倍，正楼也要照厅用。若无墙界对照用，照得正楼屋进深，丈步照此分派算，广狭收放要用心"。意思是院落进深与其后厅屋进深相等，最后一进后檐墙到界墙距离为前屋进深之一半。客厅院落与客厅进深相等，楼厅院落也以该厅进深尺寸为准。无界墙时，楼厅后院进深也与楼厅进深相等。相距尺寸照上列算法，规划总图布局时院落宽窄大小应精心设计。

各进厅堂地坪、檐高、脊高关系　　表2-7

进数	第一进	第二进	第三进	第四进	第五进
厅名	门厅	轿厅	客厅	内厅	卧厅
地坪	较厅前室外高约300～400毫米，一般三级台阶	较门厅抬高约100～120毫米，较轿厅前院地面高约200～300毫米	较轿厅抬高约100～120毫米，客厅前院地面不低于轿厅前院地面	与客厅持平，或略抬高，较内厅前院地面高约250～300毫米	与内厅大致相同，较卧厅前院地面高约250～300毫米
檐高	正间面宽的十分之八，轿厅檐高的十分之九，不低于十尺（2750毫米）	正间面宽的十分之八，不低于十尺（2750毫米）	同正间面宽	若为一层，则取正间面阔的十分之八。若为两层楼厅，则一层高度取正间面阔的十分之八；二层前檐高取正间面阔的十分之八后再减一成按十分之七算，二层后檐高取一层正间面阔的十分之八后再减二成按十分之六算。	
脊高	门厅进深最小（四界至六界），脊高最低	轿厅进深次小（多为六界），脊高较门厅略高	客厅进深最大（七界至九界），若内厅、卧厅为一层，客厅脊高最高	内厅进深仅次于客厅（多为七界），若内厅为一层，脊高仅次于客厅	卧厅进深较内厅略小或相同（多为七界），脊高次于内厅或相同

注：脊高=檐高+举折、举架关系+具体脊身高度。实际采用脊高、檐高可作变通。客厅脊身高度最大，其他厅脊身一般根据功能重要性顺序酌减。

各进厅堂院落进深关系　　表2-8

	第一进 门厅前	第二进 轿厅前	第三进 客厅前	第四进 内厅前	第五进 卧厅前	最后一进 卧厅（辅房）后
院落进深		与轿厅进深相等	与客厅进深相等	与内厅进深相等	与卧厅进深相等	后檐墙到界墙距离为前屋进深之一半

注：实际建造中，如用地受限，院落进深可适当缩减。

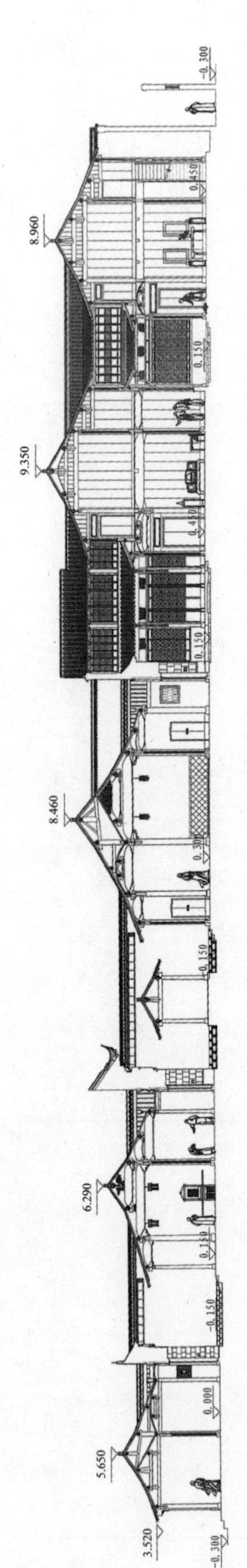

图2-24 铁瓶巷顾宅剖面图[1]

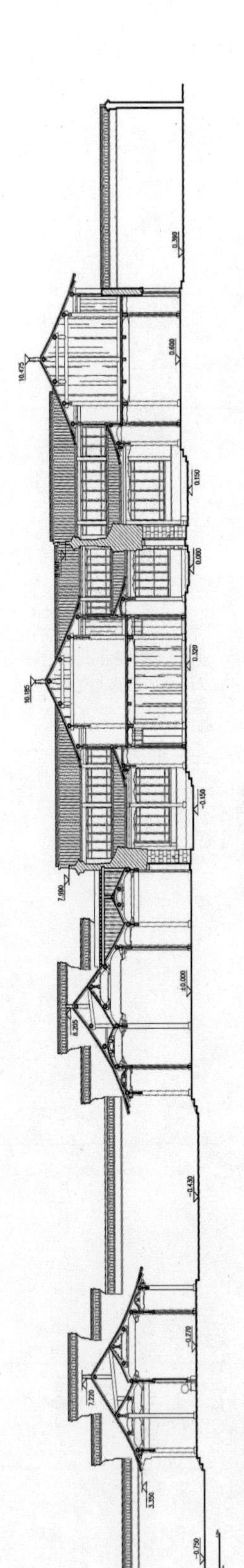

图2-25 王鏊故居剖面图

四、院落空间特征

苏州传统民居院落虽然占地不大，但因周边多门窗或廊道，空间感觉仍较为开敞舒适。各进院落沿中轴线方向串联展开，串联不是简单的复合，而是分主次、轻重、大小不同比例的变化组合。院落两侧或是围墙封闭，或设置纵向联系廊与横向的厅堂檐廊连接，形成风雨廊，或布置厢房以增加辅助房屋，也加强了视线的纵深感。

院落一般占总用地面积的30%。各进厅堂的门扇全部面向庭院，不直接与户外相连。内向性的院落具有很强的私密性，是家人的主要室外生活空间。

相对而言，徽州地处山地，风大雨斜，其传统民居较苏州地区的出檐深；各进院落等级关系不甚明显，两侧一般不设联系廊而设置厢房，院落空间感窄小似井。

1．院落特点

苏州传统民居院落界面，一般前后为厅屋门窗，左右为墙、廊或厢，围合成矩形。中路轴线上的各进院落以矩形为主，左右对称，一般横向宽较纵向进深略大些。

尺度方面，苏州传统民居中院落深度一般近似厅堂进深，宽同厅堂建筑的宽度或减去两侧廊厢的宽度，呈扁长方形。这样的浅进深庭院，可以减少阳光直射；围合院落的墙或楼相对于进深来说比较高，利于形成较强的对流风，这两个因素同时作用使院落和室内更加荫凉；而且，厅堂通过院落围墙的光线反射而日照柔和、居住舒意。

还有一种小院，俗称蟹眼天井（图2-26），在客厅和内厅之间院落中增加一道垂直于纵轴线的横墙，在横墙一侧隔出几井。蟹眼天井尺度小巧，是协调厅堂虚实空间的重要元素，有几个作用：其一，为主客厅营造优雅的环境品质和良好的通风条件；其二，可为偏房和避弄提供采光；其三，加强了内外活动区域

1苏州市房产管理局. 苏州古民居. 上海：同济大学出版社，2004：120.

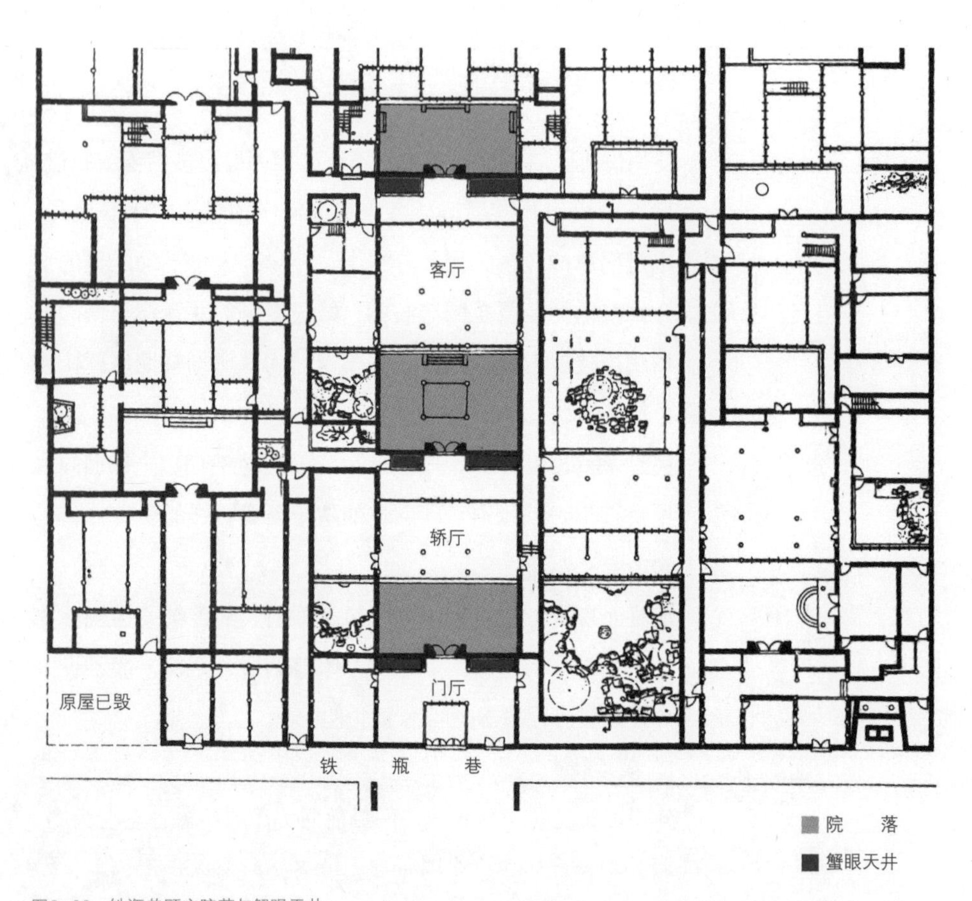

图2-26 铁瓶巷顾宅院落与蟹眼天井

的过渡和艺术效果。

蟹眼天井多用于客厅背侧、其他需要辅助通风采光处或边角地块的艺术化处理，是苏州民居中最具地域特色的空间形式，加以漏窗的运用，空间层次更加丰富，体现了小中见大、含蓄通透的苏式营造理念。

全宅的主庭院是客厅前院，一般进深与客厅进深相等。冬季，太阳光可以直射入客厅较深处，但是人坐在厅中的“太师椅”上不会感觉到刺眼的眩光。木格垂花悬挂在廊子的外边梁下，缓和了屋檐和天空之间的亮度对比，减少了客厅内的眩光。

客厅后檐廊的窗户通常面向“蟹眼天井”，一般仅有一米多宽。天井内点缀几杆翠竹、一二石笋或芭蕉等大叶植物，墙面粉刷成白色，为客厅提供柔和的反射光，同时起到拔风的作用（图2–27）。

客厅后设砖雕门楼，砖雕门楼之后是家庭内部活动范围，外人一般不可入内。

2. 院落布置

苏州传统民居内的院落有很强的景观性和文化性。院落布置讲究“入画”，注重文化寓意和意境美。植物或单植，或群植，观花类、观果类、观叶类植物都有所选用，注重搭配，注重花木造型、色彩、香味和季相，同时多用松、竹、梅、兰、菊等被赋予了普遍性文化象征意义的植物，以反映主人的精神追求。再缀以几块湖石、一两处桌凳或一些其他园林要素，还有围合院落的粉墙黛瓦、花砖铺地，一起营造出静雅的起居环境和诗意的生活空间。

皖南民居的院落多进深狭小、空间窄长，其中常因山地取水不便而设有水池或水缸以备消防救急，俗称太平缸。相较来说，苏州传统民居院落更重视文化内涵，又有苏州文人名士园林的引领，亭台楼阁、植物搭配，着重的是空间的自然、文化特色，景观性更强；同时因地下水位较高，生活用水、消防用水可用井水，因此常在院落一隅掘置水井。

各进厅前庭院布局特点　　表2–9

中路	第一进 门厅前	第二进 轿厅前	第三进 客厅前	第四进 内厅前	第五进 卧厅前
庭院布局		庭院相对较小	庭院空间开阔，客厅前两旁偶有蟹眼天井	设砖雕门楼将内外功能分隔开，门楼两旁、客厅后常有蟹眼天井	庭院尺度与内厅前庭院较为接近；内厅为楼厅时，卧厅庭院进深可适当加大
园林小品布置	门前多植槐、榆。街对面设照壁或牌坊。	简单绿化	走道两边植栽名贵树木，多对植玉兰，配以茶花、梧桐等	景观绿化，小品，牡丹、芍药、鸡冠花等	景观绿化，小品，多植石榴、蜡梅

注：品种据现状和《长物志》记载。

图2-27　蟹眼天井

第四节 拓展型民居

拓展型民居是指在代表型民居的基础上向外拓展形成的大型民居，主要分为两种：纵向拓展形成六进及以上民居；横向拓展形成多路民居（经常也进行纵向拓展）。

一、六进及以上民居

1. 功能关系

（1）六进及其后的平面功能特征

①平面布局前五进分别与代表型相同，对外交往、起居的建筑秩序没有变化；

②平面布局与代表型的区别主要在于后部卧厅（楼）的数量增加；

③因仆佣人众，多设置专用辅房在最后一进。

（2）实例

（3）功能布局特征

六进及以上的房屋只是增大卧室、起居的功能规模，主要是满足大户人家众多各类成员的生活居住需求，并未改变功能种类。独立设置的辅房只是住宅规模扩大后的附属配套单独建屋，不属于增加基本功能类别。

下房是指厨房、仆佣住所、库房等服务性功能的辅助用房。住宅规模扩大，家族人员增多使其规模也相应增大。下房达一定规模时，部分住宅在最后一进专门设置。

六进及以上民居的基本功能布局与代表型民居是相同的，核心功能关系与代表型民居是一致的。

2. 空间关系

（1）庭院空间特征

①前五进建筑的庭院与代表型相同。

②部分大户人家扩大最后一进的北侧庭院空间，做成后花园。

（2）剖面空间特征

①剖面前五进与代表型民居相同；与代表型的区别主要在于第五进以后卧厅的数量，高度上不再刻意起伏变化；部分民居在最后一进设置附房（下房）。

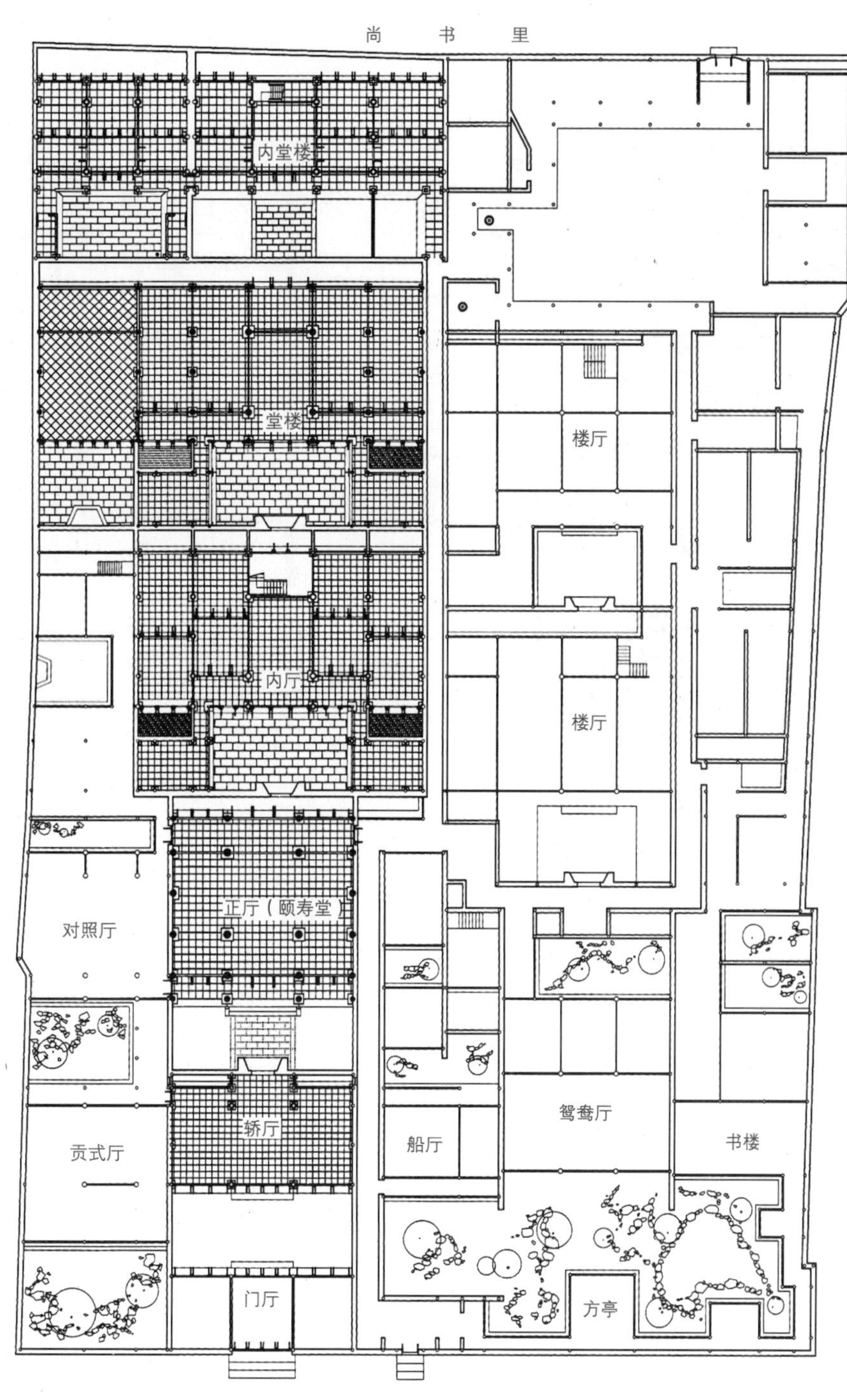

图2-28 铁瓶巷任宅（六进）[1]

1 苏州市房产管理局. 苏州古民居. 上海：同济大学出版社，2004：212.

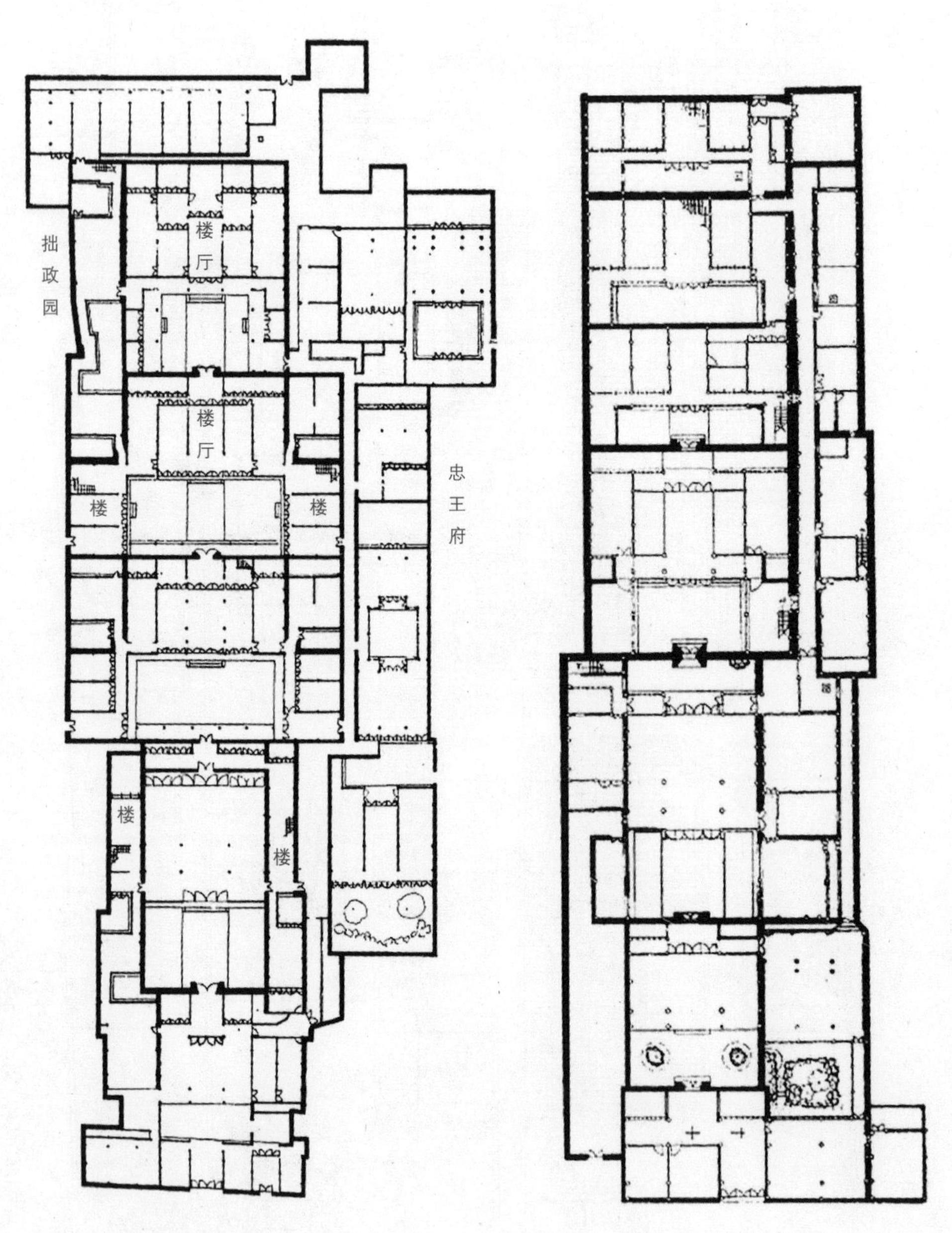

图2-29 东北街张宅（七进）[1]

图2-30 大儒巷丁宅（七进）[2]

②新增的卧厅和附房前均设有院落。附房前院落进深较小，布置较为简单，功能上只为改善北侧房屋的日照采光条件。

二、多路民居

多路民居常见的是三路，现状实物也有多至五路的；都是大户人家，布局按照封建社会的宗法观念及家族制度而布置。体现在建筑上，多路住宅规模庞大、等级明确，各类用房的位置、装修、面积、造型都具有大致统一的等级规定。基于上述原因，多路民居不管规模多么庞大都会严格遵守封建社会一家之中不能有二主的观念，只有一路是中路，只有中路有一个客厅。这是一户多路民居与多户并联民居最显著的区别。

1. 功能关系

（1）多路民居的基本功能布局

①中路的功能布局与代表型或纵向拓展型民居相同。

②边路前三进一般设置辅助、休闲功能的厅房，第三进以后设置卧厅。

③有些家庭人口多而卧厅不足，边路多进厅房（甚至全部厅房）均作为卧厅。

④有些主人好园，边路厅房较少，侧花园较大。

（2）中路与边路的功能对比

①中路是全宅的轴心，是主要出入通道、礼仪、接待场所和主人、长辈居所。

②边路不设客厅，没有正规接待、礼仪场所，但可有休闲聚友之所，如花厅、书房等。

③边路功能上是作为中路的居住、起居补充，或休闲、辅助服务。

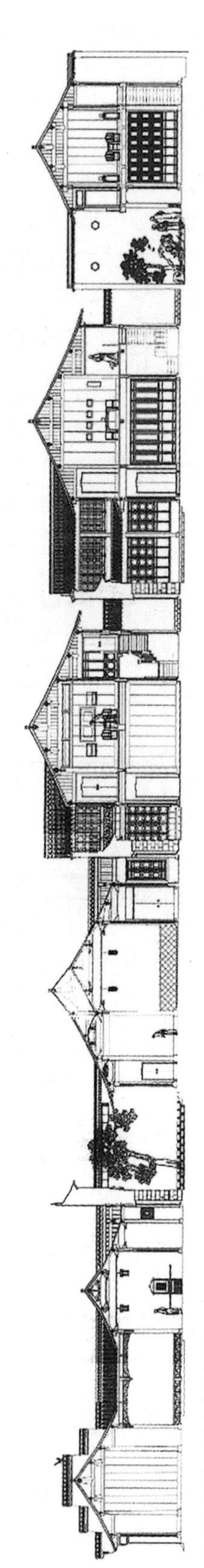

图2-31 铁瓶巷住宅（六进）[3]

1 陈从周. 苏州旧住宅. 上海：上海三联书店，2003.

2 陈从周. 苏州旧住宅. 上海：上海三联书店，2003.

3 苏州市房产管理局. 苏州古民居. 上海：同济大学出版社，2004：210-211.

三路民居实例：

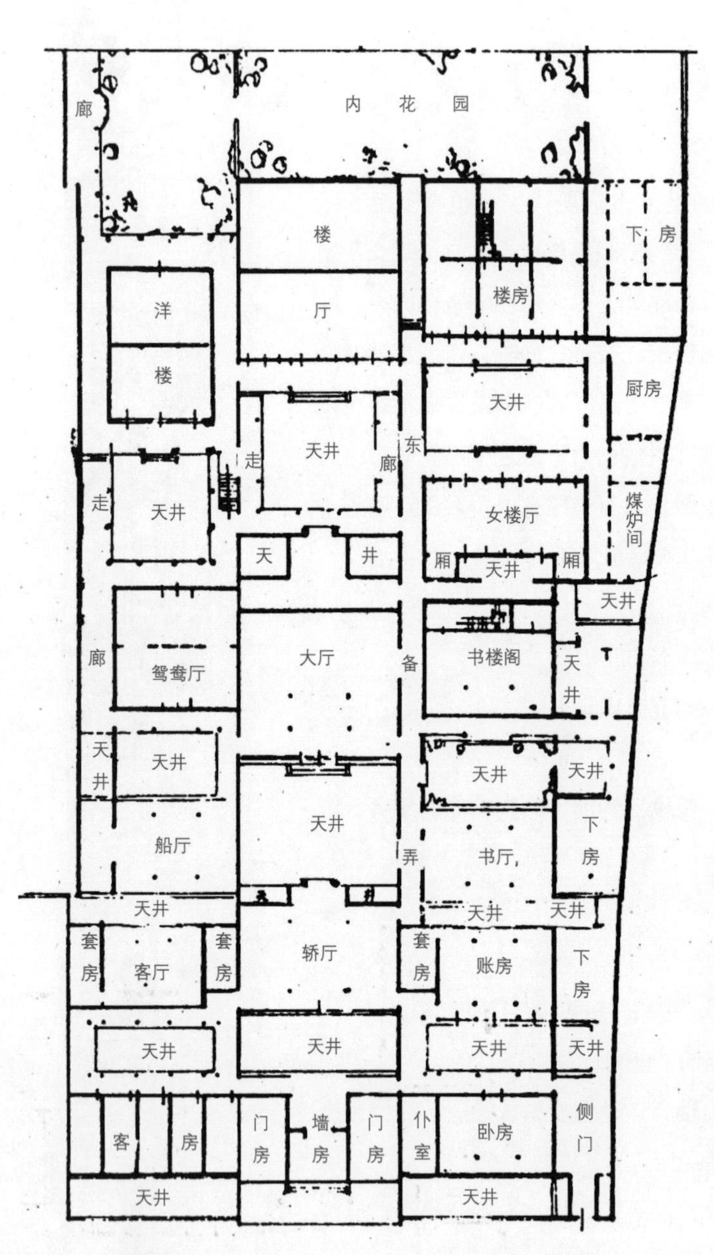

图2-32 留园东宅[1]

三路以上的民居实例：

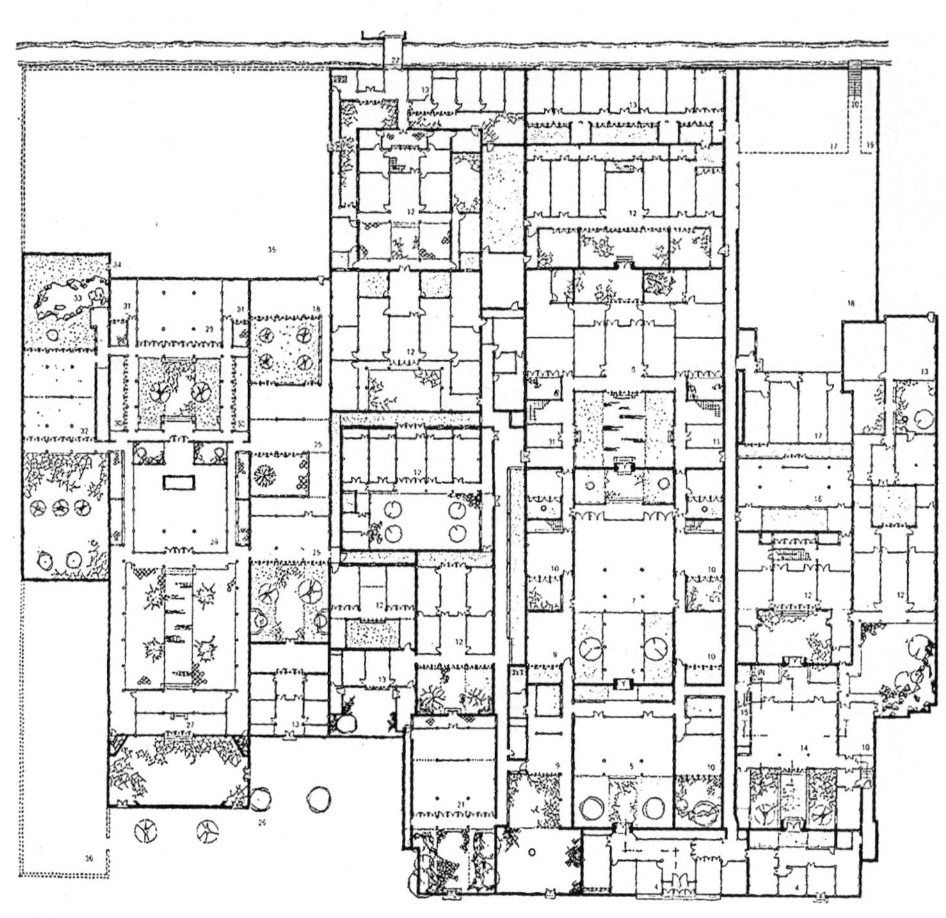

3.大门
4.门房
5.轿厅（茶厅）
6.戏台（原建筑已毁）
7.大厅（嘉寿堂）
8.女厅
9.账房
10.书房
11.小家祠
12.“上房”
13.“下房”（披屋）
14.新厅（清荫堂）
15.上有夹层系女宾观戏处
16.小厨房
17.原大厨房
18.已毁后园
19.粪池位置
20.水后门码头
21.花厅
22.河桥
23.后门
24.后门门房
25.饭厅
26.祠堂晒谷场
27.祠堂头门
28.祠堂大堂
29.祠堂二堂
30.神位及寿材间
31.贮藏室
32.西花厅
33.小花园
34.园门
35.果木蔬菜园
36.花园旧址
37.女宾观戏处
38.藏书楼

图2-33 天官坊陆宅[2]

1 徐民苏，詹永伟. 苏州民居. 北京：中国建筑工业出版社，1991：55.
2 陈从周. 苏州旧住宅. 上海：上海三联书店，2003：210.

多路民居常见功能关系　　表2-10

<table>
<tr><th colspan="2"></th><th>第一进</th><th>第二进</th><th>第三进</th><th>第四进</th><th>第五进</th><th>第六进至最后第二进</th><th>最后一进</th></tr>
<tr><td rowspan="2">中路</td><td>功能</td><td>门厅</td><td>轿厅</td><td>客厅</td><td>内厅</td><td>卧厅</td><td>卧厅</td><td>卧厅或下房</td></tr>
<tr><td>备注</td><td colspan="5">同代表型民居</td><td colspan="2"></td></tr>
<tr><td rowspan="2">东边路</td><td>功能</td><td>门房、辅助、休闲功能用房。例如：账房、下房</td><td>辅助、休闲功能用房。例如：书房、账房、下房</td><td>辅助、休闲功能用房。例如：书房</td><td>辅助功能用房。例如：卧厅、藏书楼</td><td colspan="2">辅助功能用房，多为卧厅</td><td>卧厅或下房</td></tr>
<tr><td>备注</td><td colspan="3">书房多见于官员、读书人家，账房多见于商户人家</td><td>藏书楼多结合前进书房</td><td colspan="3">根据主人喜好也可在此位置做东花园</td></tr>
<tr><td rowspan="2">西边路</td><td>功能表述</td><td>辅助、休闲功能用房。例如：客房、花厅、下房</td><td>辅助、休闲功能用房。例如：客房、船厅、下房</td><td>辅助、休闲功能用房。例如：花厅、船厅</td><td colspan="3">辅助功能用房，多为卧厅</td><td>卧厅或下房</td></tr>
<tr><td>备注</td><td></td><td>如前后进有花厅，该进位置多做侧花园</td><td></td><td colspan="4">根据主人喜好也可在此位置做西花园</td></tr>
</table>

2. 空间关系

（1）多路民居空间布局总体特征

①与中路同进厅房相比，边路厅房规模较小，高度较矮，装修较简。

②边路厅房的轴线要求没有中路那么规整，可以采用折线甚至自由布置（方位统一）。

③边路厅房的空间对称性没有中路那么严格。例如休闲功能的花厅，结合景观、庭院布置，变化较多，也多见豪华装修。

④中路的主要交通流线是中轴线，而边路的交通则比较自由，多依靠避弄。

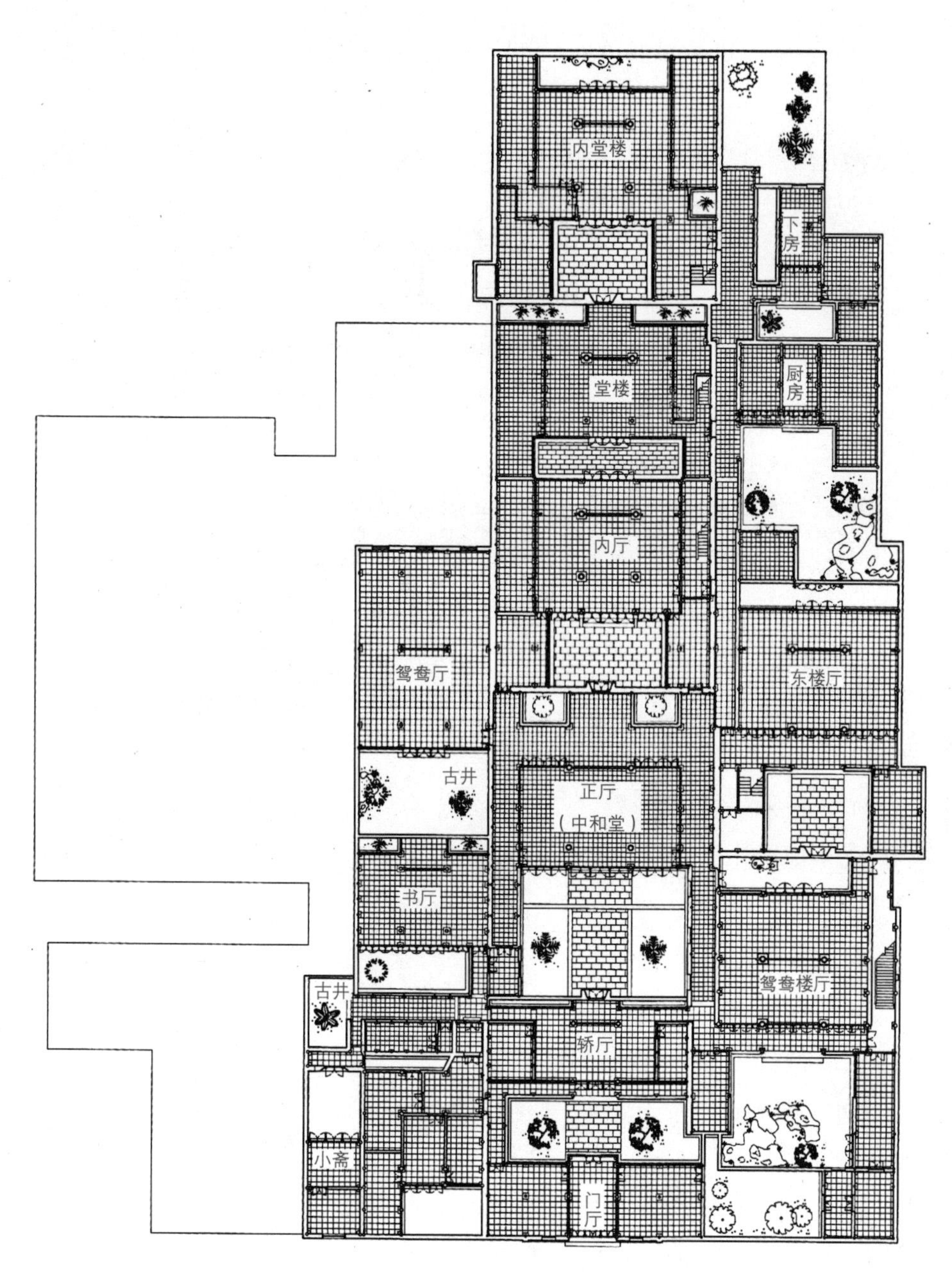

图2-34 东花桥巷汪宅[1]

1 苏州市房产管理局. 苏州古民居. 上海：同济大学出版社，2004：62.

⑤相比中路，边路的建筑密度较小，花园、庭院设置较多。

（2）休闲空间的布局

花厅、鸳鸯厅、船厅等休闲空间多设置在西侧边路，其中花厅一般设置在西路第一进或第三进，与侧花园结合。

（3）辅助空间的布局

①书房一般设置在东侧边路中二、三进，客房一般设置西侧边路前两进。

②供家族普通成员使用的卧厅一般设置在边路第三进以后。

③佣人房（下房）多设置在门房（中路门厅）、边路前两进。

（4）多路民居的规模

多路民居的规模往往取决于住户家族的出身、职业、经济实力，一般来说规模越大体现家族的综合实力越强。核心布局规整，说明家族知礼仪、文化水平高；卧室数量多体现人丁兴旺；休闲空间多体现了家庭富裕、经济实力强。

3. 路进关系

（1）中路轴线

①中路轴线的通用做法是基本对称的。

②中路轴线的特殊做法

主要原因是风水观念的影响，如：最后一进建筑北门（或最北侧院门）偏位，通常偏西（图2-35）；部分民居最后1～2进建筑偏位（图2-36）。

（2）多路民居的边路轴线

①边路轴线一般是断续不贯通的，且多没有直接面向主要街道的出口，即使设置也是很小的角门，不设正规门厅。

②边路不强调中轴交通流线，各进厅房之间的交通组织主要通过避弄。

4. 路—路关系

（1）中路与边路的进数不等，但方位朝向规律基本一致。

（2）边路各进之间院落或间距不定，边路建筑在南北轴线方向上位置多与中路建筑错开，避免了东西方向的单调通透、一览无余，丰富了建筑群体关系和景观步移景异的效果。

（3）边路与中路之间的交通组织主要通过避弄，亦可因地制宜设墙隔断或开院门直通。

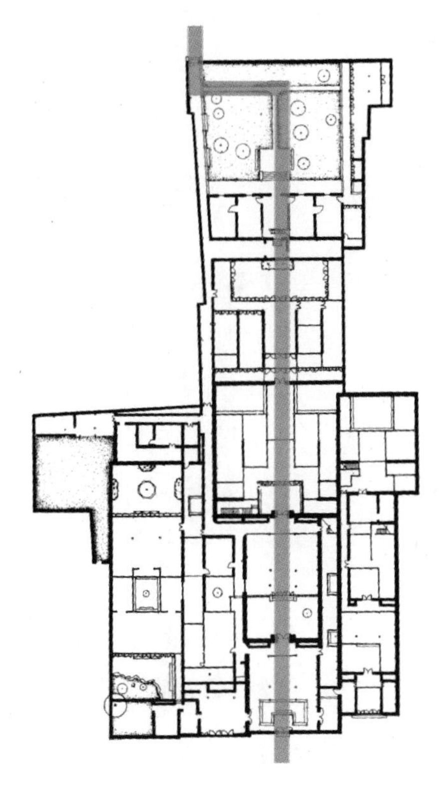

图2-35 大石头巷吴宅[1]

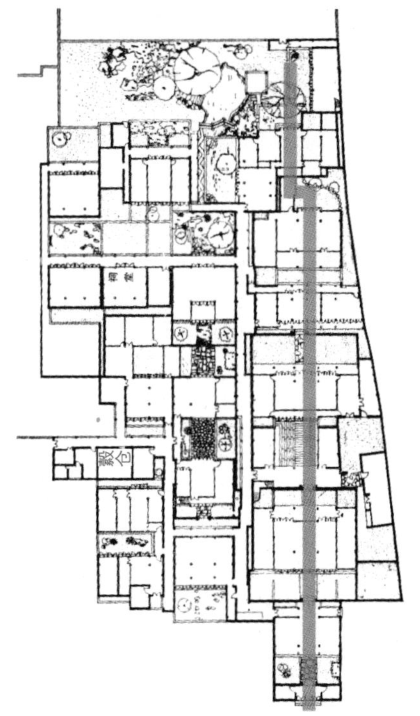

图2-36 葑门彭宅[2]

1 陈从周. 苏州旧住宅. 上海：上海三联书店，2003.
2 陈从周. 苏州旧住宅. 上海：上海三联书店，2003.

第五节 特殊型民居

一、并置两路

苏州传统民居特殊型布局中比较典型的是并置两路的平面布局形式。以姑苏区宝林寺前10、12号为例，此宅建于清末，为一陈姓商人的住所，一夫二妻共同居住。丈夫为显公平对待二妻，建筑并行两路对称布局，两路规格及形态基本一致，坐北朝南，两路二进，以墙门对外、不设门厅，第一进为三间客厅，第二进为三间两侧厢内厅，内厅底层主要为生活起居就餐之用，二层以卧室、书房为主。

二、一轴两路

苏州传统民居另一种比较特殊的布局形式为一轴两路。这种平面布局形式多因用地局促或经济实力限制，面宽一般不超过三间，门厅、轿厅合二为一，与客厅形成一路，内厅、卧厅则转至侧边另起一路，内厅设有前院，但不对外开门。

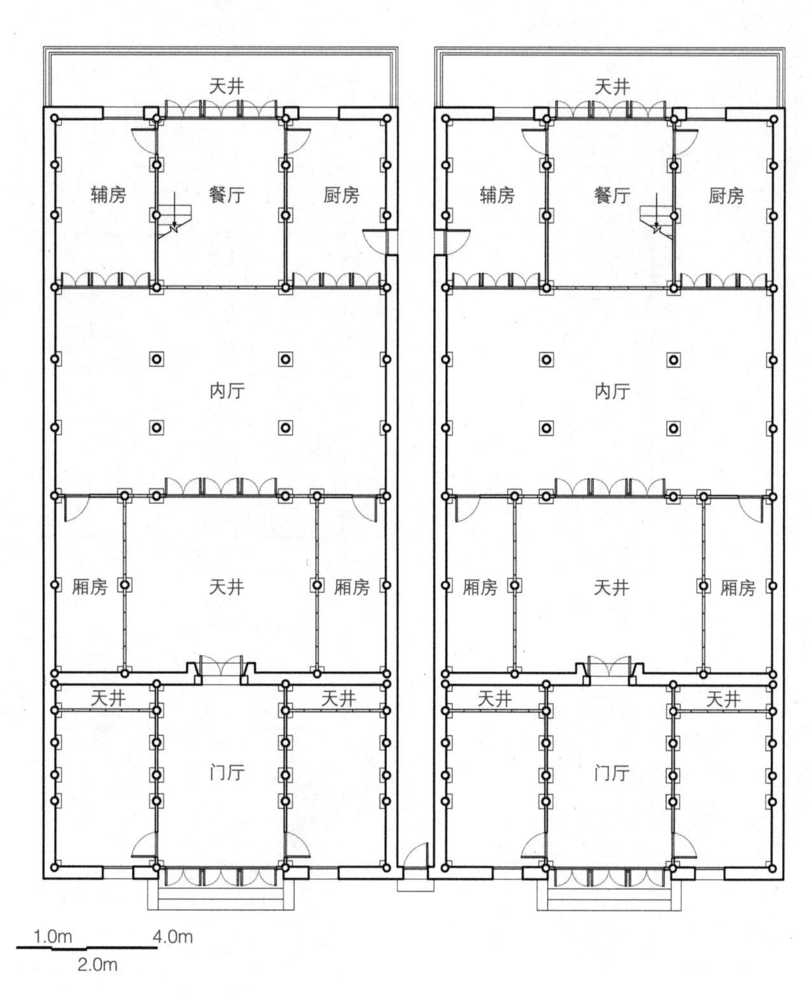

图2-37 宝林寺前10、12号一层平面图

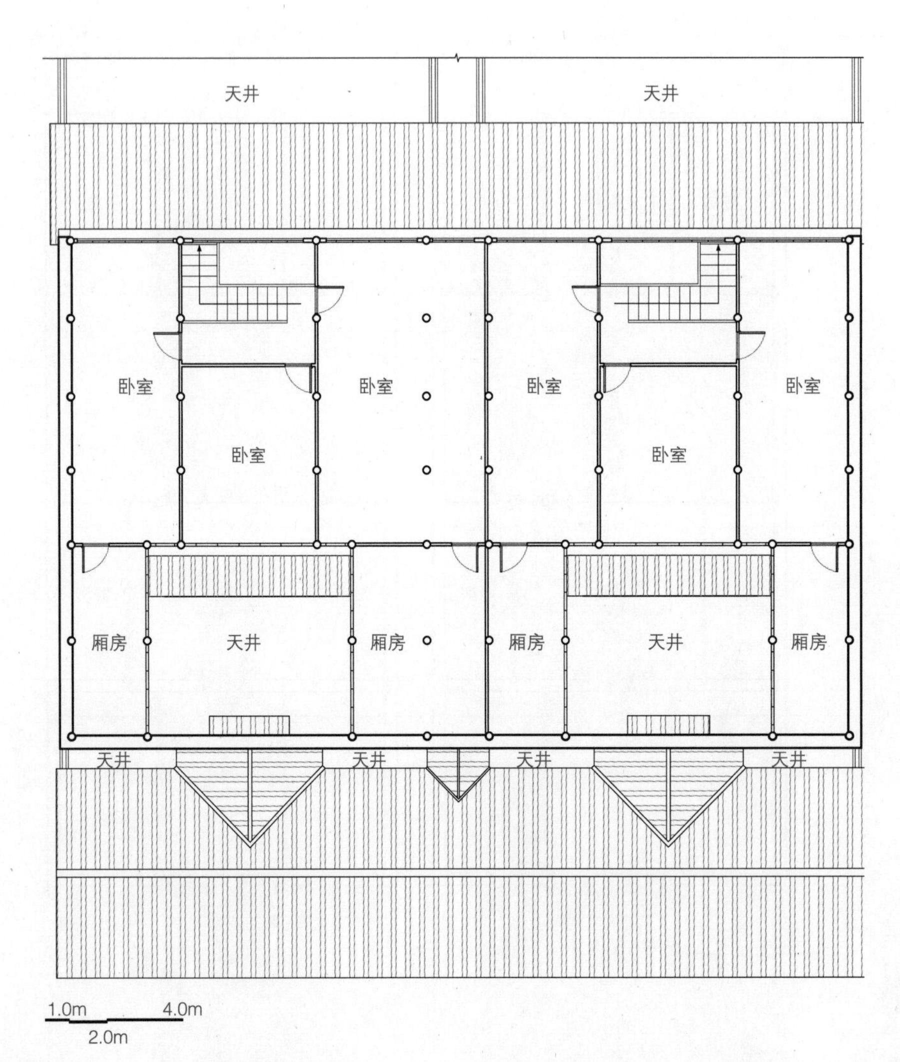

图2-38　宝林寺前10、12号二层平面图

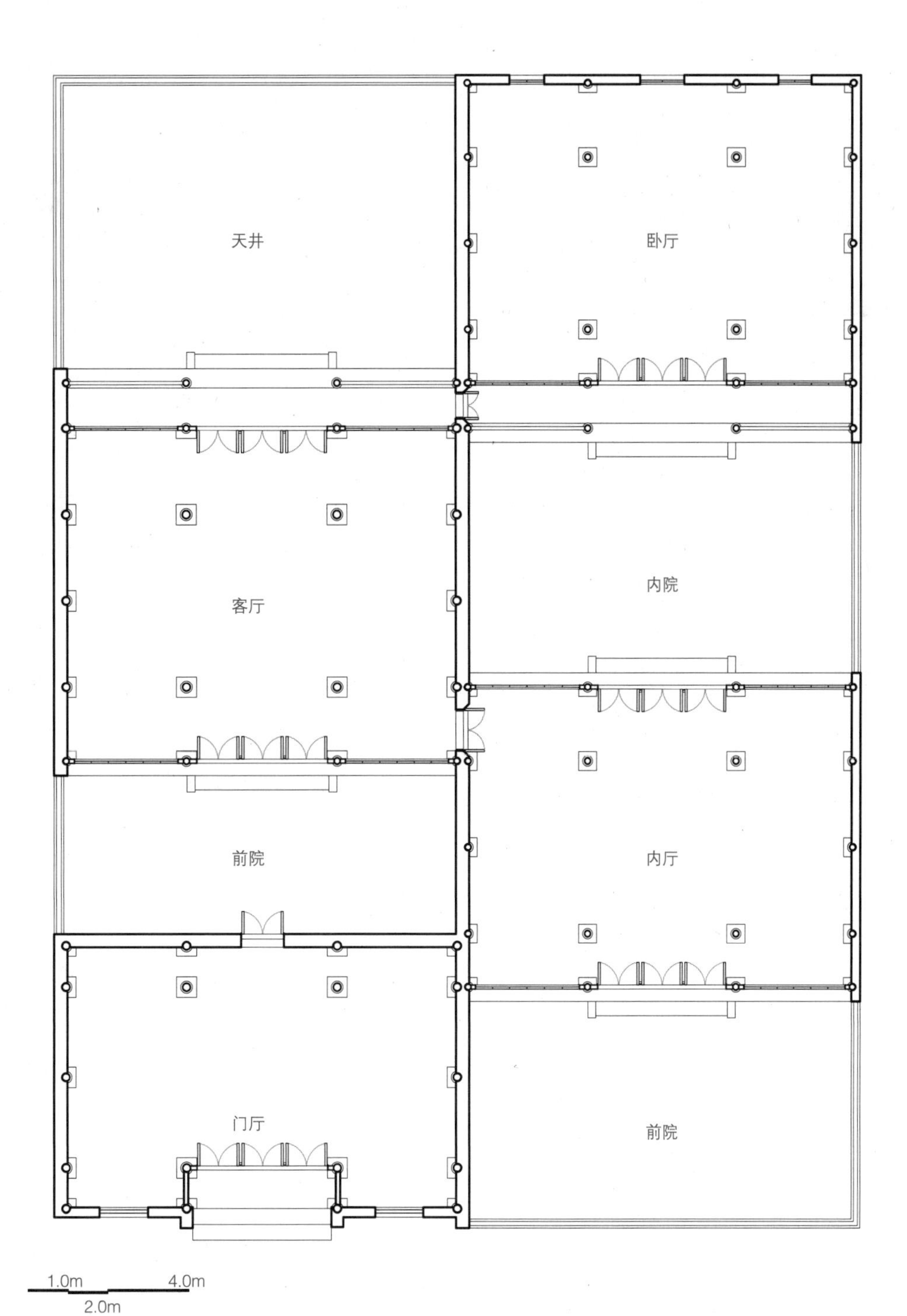

图2-39　一轴两路一层平面示意图

大木作

第一节 大木作的定义

在中国营建传统中，“作”指的是某种工艺体系，如《营造法式》、《营造法原》等建筑文献常见的“木作”、“瓦作”、“泥作”以及“雕作”等；而“木”指的是主要建筑材料，进而往往再以“大”或“小”来区分骨架结构与装饰装修的分工。

简单来讲，“大木作”是指将木材原料，通过专业工匠运用专业技术与工具，设计、备料、加工成为构件，再将构件相互组合成为构造部品，装配成为建筑主干骨架的建筑营建工艺。

在《营造法原》中，有“大木：一切木作之建造房屋者，作装修者亦属之”的辞解说明，可见《营造法原》的大木，囊括了屋架结构到装修细节众多内容。不同于宋《营造法式》（下文简称“《法式》”）、清《工部工程做法则例》（下文简称“《则例》”）等官式体系中，只把屋架结构称为“大木作”，而将细部装饰装修称为“小木作”，《营造法原》中“小木”指的是器具之类，基本与建筑无关。

与宋《法式》和清《则例》这两种全国性体系的定义相同，在本研究中，大木主要指柱、梁、枋、桁、椽、斗栱等构件的营建工艺，而苏州传统民居中，由于朝廷建筑规定的限制，除个别装饰性做法外基本不涉及木质斗栱营建，主要为斗栱之外的五类构件的组合。按照整体到细节的次序，本章从大木构架、构造部品、构件三个层次依次择要论述。而《营造法原》中纳入“大木作”的“装折”部分，类似《法式》与《则例》的“小木作”，列入第四章“装折”加以阐述。

三个层次中，大木构架主要涉及屋架总体特性的内容，构造部品主要涉及多个构件的组合，而构件层面则是分析阐述构架与构造中富有苏州地方特色的构件的做法。

第二节 大木构架

大木构架是指由若干数量的木构件，通过有序组合、相互作用、共同工作，具有承载屋顶重量和抗自然影响能力的木质结构体系。苏州传统民居的屋架结构特征，主要体现在抬梁与穿斗、贴、草架与清水屋架、扁作与圆作、厅堂构架、鸳鸯厅、贡式厅等方面。

一、抬梁与穿斗

1. 抬梁式构架

抬梁式构架，是指在进深方向上，两端以柱子承托三界以上跨度的大梁，大梁上设坐斗或童柱承托上层较短的梁，依次相抬，直至结顶，所形成的构架。在苏州地区，抬梁构架中最下一道大梁以四界梁（即为五架）最为常见，其上露明双坡结顶；用轩而进深加大的则用草架，但室内可见空间的主要部分、最高部分肯定是抬梁之间上方。在苏州传统民居中，抬梁是高等级的屋构架形式，用于建筑中的尊显位置，构架用料与装饰都较为考究，以体现空间的等级次序。

2. 穿斗式构架

穿斗式构架，是指进深方向上，每一界或两界设落地柱，柱与柱之间用枋等水平构件穿固，所形成的构架。

苏州传统民居通常是一座房屋中同时采用抬梁式构架和穿斗式构架，最为常见的是正间用抬梁式，次间、梢间多用穿斗式。一座建筑内的构件用料，穿斗式构架一般都比抬梁式构架纤细，落地柱子的数量也较后者为多。此外，同一座房屋在进深界数一致的情况下，穿斗构架往往与抬梁构架形成桁分位上的对位关系，共同组合形成空间结构，如抬梁构架的两柱承托内四界梁，对位为三柱承托两重两界深的穿斗构架。

二、贴

苏州传统民居的大木构架单元以沿进深方向的一列纵架称为“一榀”（过去苏州匠师们习称之为一贴，俗语“贴式”）：由包括梁、柱、枋、斗栱等一系列木构件，通过榫卯节点所组成、形态近似于上部三角形与下部方形组合的梁架。在纵架之间，以开间方向上的枋、桁等构件，使逐榀联系起来形成房屋空间结构。

建筑中的每一贴根据其所在位置命名。以最为常见的矩形平面厅堂为例，位于建筑中部，在正间两侧纵轴线上的一贴构架，称之为正贴；正贴外侧，但也不属于最边上的一贴构架称之为次贴；而位于建筑左右两侧最边上的一贴构架则称之为边贴。简而言之，就是正间的为“正贴”、次间的为“次贴”、梢间的为“边贴”。

通常做法是，正贴为抬梁式构架，边贴为穿斗式构架，次贴一般也都用穿斗式构架（偶有用抬梁式构架）。同时，正贴在用料、雕刻、彩画等方面上，都比次贴、边贴等级高、费工多，往往是整座厅堂中最为精美的构架。而各厅正贴的精美程度上，又多以客厅、内厅、轿厅、门厅顺序依次降等，有较为明显的等级序列。

三、草架与清水屋架

苏州传统民居中多见草架、覆水椽的使用，这是江南建筑一大特色。使用草架、覆水椽的厅堂，其内四界前基本都有“翻轩”。为强调内四界与轩在空间上分属两个不同的空间，其上部往往处理为各自独立的内屋面，从而达到了空间分隔的效果，但是从室外观看，内四界、翻轩却是覆盖在一个完整的坡屋顶下。从图3-1中可以看到，为达到这种效果，屋架的某些位置，在室外屋面与室内屋面中间存在架空，而该架空部分的屋架，在完工之后就被遮盖了。由于被遮隐而不外露，这内外屋面之间的梁、柱、桁、椽等构件无需精制，故名“草架”。

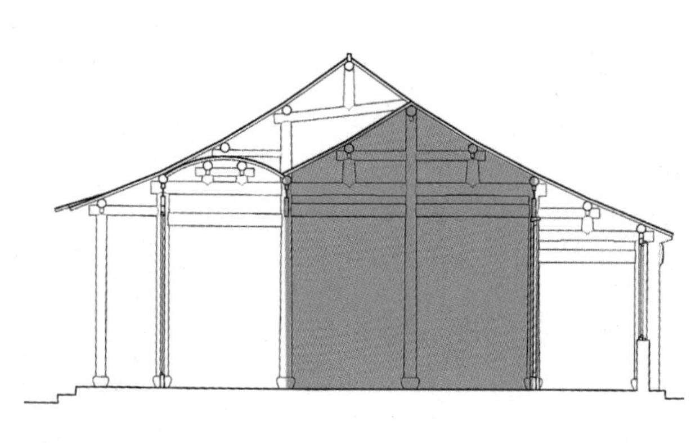

图3-1　总进深九架而内四界深五架

与草架对应的是清水屋架，指的是不使用草架与复水椽的屋架，屋架构件几乎全部露明，《营造法式》称此做法为“彻上露明造”。使用草架的露明部分的屋架也用清水屋架。

带有草架的屋架露明部分，以及清水屋架的构架，相关构件皆外露，室内可见，是室内空间重要的围护或装饰要素，往往加工精心、装饰细致，富于工艺之美。

通过草架的处理，超过五架甚至多达九架的屋架化整为零，使得室内主要空间（内四界）进深仍显现为五架，不违反“不过三间五架”规制。

四、厅堂构架

客厅作为苏州传统民居中的重要空间，其构架往往包括内四界、轩、后双步的精心组合，富丽宏伟为全宅之冠。其厅堂构架也受到设计者及营建者的特别重视，《营造法原》专有一章“厅堂总论”，明代造园经典《园冶》中也专门列出“厅堂前添卷式”图样。

屋架处理中，开间面阔方向在“间”与“开间”上的变化，进深方向用草架、翻轩的组合，客观上都丰富了苏州屋架的做法与空间。同时，考虑到明清民宅制度规定，可以认为，这些结构、做法的变化，并不只是设计者心血来潮之灵感，甚至本意主要就是突破制度藩篱之创新。

厅堂一般都较高而深、前常有轩，装修也比一般平房繁复华丽。内四界构造用料截面分为两种，使用扁方料的俗称“扁作”，使用圆料的俗称“圆作”。

根据贴式构造截面之不同，尤其是主梁截面的区别，厅堂可分为两大基本类：扁作厅与圆堂。因扁作需用较大、较多木料，条件较好的、尤其是中路民居多用扁作，特别是客厅。此外，根据主要梁架细部的特殊做法，又可分为贡式厅、鸳鸯厅、花篮厅等类型。

第三节 构造部品

本节主要从构件组合层面，分析屋面起坡、轩、楼板与地板、檐口与腰檐、楼梯等涉及多个构件的组合件。

一、屋面起坡与梁架

我国传统建筑的坡屋面并非一个平整的斜面，而是从脊座到檐口处，由较陡到较平缓、坡度不断有所变化的曲面。这种曲屋面，上部较陡利于雨水快速流下，下部渐平缓利于雨水流出远离墙体，同时也避免了简单斜面的单调，提升了屋面的美感。曲面的形成主要源于其下梁架高度的算法，宋代建筑采用“举折”方法，清代官式建筑采用“举架”方法，而苏州清代建筑则用“提栈”。上述三种方法都使屋面的各段椽子架构成不同的坡度，但在计算操作上有明显的差异。南宋重新刊刻《营造法式》于苏州，香山帮的苏州习惯做法自然得以录入，元代沿袭而没有大的规范改变。因此，苏州明代屋面起坡可依《法式》“举折”，而“提栈”则是苏州清代民居的重要特点。

1. 宋式举折

举：屋架的高度。

折：屋顶横断面坡度根据屋架各桁高度形成的折线。

举高按建筑类别、进深和屋瓦类型而定。民用厅堂廊屋类建筑，总高度取前后檐柱（枋）心间长度的四分之一，再根据不同屋瓦类型对应附加高度值（筒瓦厅堂加8%界深，筒瓦廊屋、板瓦厅堂加5%界深，板瓦廊屋加3%界深，两椽屋不加）。以脊桁和檐桁顶面画斜线，从脊桁依次向下，第一折减去举高十分之一，第二折减去举高二十分之一，第三折减去举高四十分之一，逐折半数递减，形成屋顶断面之曲线。

2. 清式举架

从檐桁至脊桁用举高方法，使屋面越往上坡度越陡。大式建筑檐步架为五举（即举高为水平距离的一半），飞椽为三五举，其余各步架之间的举高，取决于房屋的大小和桁数的多少。清代小式建筑一般为五桁，大式建筑则可从三桁至十一桁，桁数越多屋面越陡。

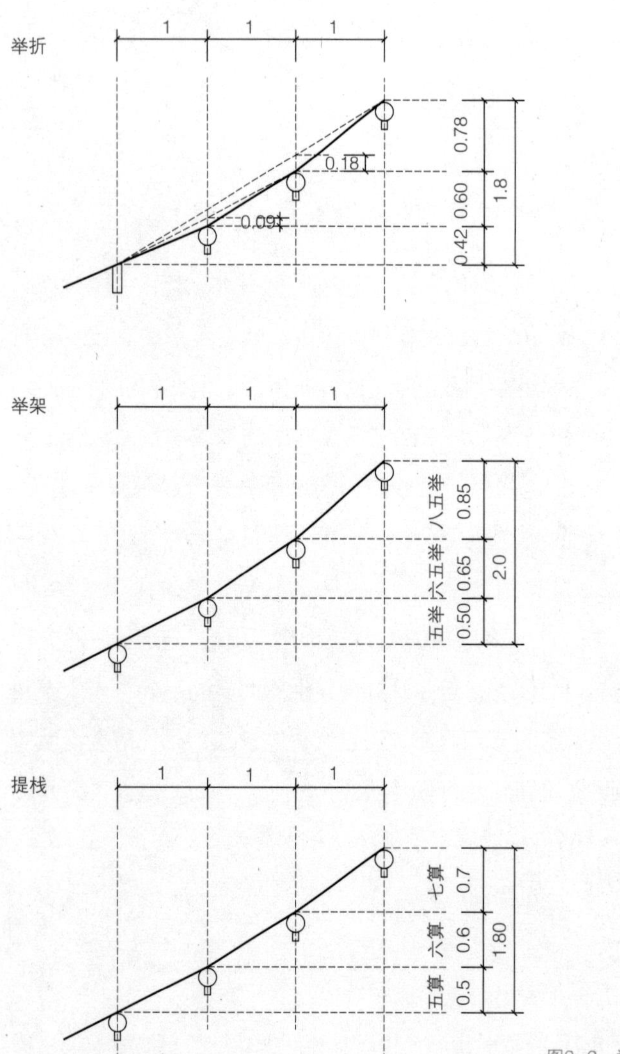

图3-2 举折、举架、提栈算法示意图[1]

3. 苏式提栈

提栈的方法与举架基本相同，但用词、举高系数不同。檐部提栈的起算系数一般取十分之一界深，一般不低于三算半（即0.35），向上逐桁依次递增提栈系数，如四算、四算半、五算以至九算、十算（称对算）。苏州传统民居建筑常用提栈最高0.7左右，偶有主要高档厅堂可达八算。

根据举折、举架、提栈屋面坡度计算方法，为了便于比较三者的关系，我们设定建筑类型相同，步、架相同，即前后檩檐枋间步数和每步水平距离相等，分别按宋式举折、清式举架、苏式提栈计算屋面坡度系数见表3-1。

举折、举架、提栈之常用屋面坡度系数 表3-1

步架位置 \ 坡度系数		举折	举架	提栈
		板瓦厅堂	小式	扁作
三步	脊步架	0.78	0.80	0.70
	金步架	0.60	0.65	0.60
	檐步架	0.42	0.50	0.50

由上表可见，在建筑进深相同的情况下，举折因脊高先已确定，脊步折深较大，屋面曲线随步架数量增多而趋于平缓（即折线分段越多，每一折之间的坡度差越小）；举架因檐步架举高先确定，随步架数量增多，屋脊高度相应提高，屋面趋向整体高陡；提栈先行确定起算和末算，其间各算虽有规则，但可视实际情况作整体协调。工匠们往往会根据“堂六厅七”（厅的提栈算高过堂）、“囊金叠步翘瓦头”（金柱稍低、步柱叠高、檐头翘起）等原则，结合实际情况审度形势绘制侧样，然后确定各部分提栈的高度，以使屋面曲线更加柔和优美。

由于举折、举架、提栈的计算方法不同，屋面的坡度就有相应差异。现存苏州传统民居实物也印证了这个区别：相对于清代民居，明代大木构架民居的屋脊略低、屋面曲度较大。就方法本身而言，从《营造法式》到《工部工程做法则例》再到《营造法原》，设计方法不断改进、简化，营造施工中应用也渐趋方便。

具体放样时，提栈的计算从檐口开始，即先定“起算”，一般起算多以第一界的界深为基准，界深三尺五则起算为三算半，界深四尺则起算为四算，若界深五尺或大过五尺，都以五算为起算。确定起算后，根据建筑界数确定到顶界（脊桁处）提栈算数的递加次序。最后根据起算、中间算数以及顶界算数等各界算数，再将算数乘以界深，就可以得到两桁间的高差尺寸，由此确定屋面的侧样剖面关系。

1 举折示意图根据宋《营造法式》大木作举折之制中板瓦厅堂制式绘制，举架示意图根据清工部《工程做法则例》大木作举架之制中小式建筑制式绘制，提栈示意图根据《营造法原》大木作提栈之制扁作厅堂制式绘制。这三类都适用于苏州传统民居建筑，以利对比。

建筑界数及其递加次序的关系，工匠们在实践中总结的歌诀可以参照："民房六界用二个，堂厅堂圆用前轩；七界提栈用三个，殿宇八界用四个；依照界深即是算，厅堂殿宇递加深。"其中，涉及民房的"民房六界用两个"与"七界提栈用三个"两处，前一处指深六界的建筑使用二个提栈。

二、轩

轩是厅堂构架的重要组成，是加大建筑进深、强化厅堂空间效果的常用手法，也是苏州传统民居丰富做法、独特风格的重要代表。

在厅堂构架中，往往会在内四界之前再外拓一至二界，并且在原有屋面（外观可见之屋面）之下，重复架设一重椽子，在该位置形成一个小屋盖（仅室内仰视可见），这个"屋盖"称为轩。

轩的种类很多，也存在不同的分类表述，有以构架高度关系区分为抬头轩、磕头轩、半磕头轩者；也有以位置区分为廊轩、内轩或重轩者，"重轩"指在内四界之前设有两道轩，其中近檐口的为"廊轩"，后一道为"内轩"，内轩往往进深较大，而廊轩进深较浅；最为直观的则是以形式区分的船篷轩、鹤颈轩、一枝香轩等。

1. 抬头轩与磕头轩

厅堂类建筑中，轩多被置于内四界前，架设在轩柱与步柱间的顶端。

以梁底为准，轩梁低于内四界大梁，称"磕头轩"；轩梁不低于内四界大梁的，则称"抬头轩"。从断面关系可以看出，磕头轩上只有单层屋面，轩屋面就是外屋面；抬头轩上为双层屋面，内层屋面上有草架支承外屋面。在磕头轩中，需用"遮

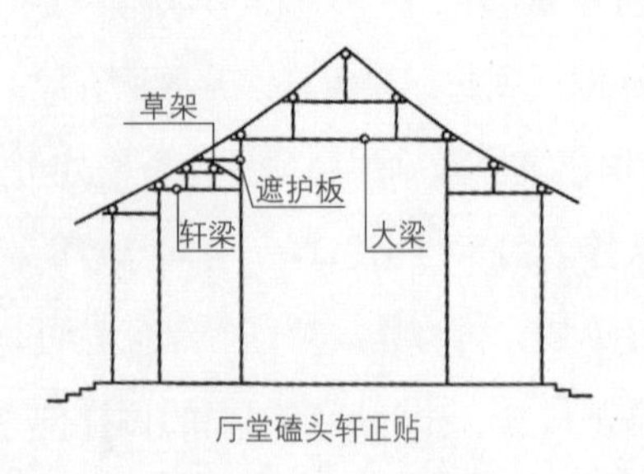

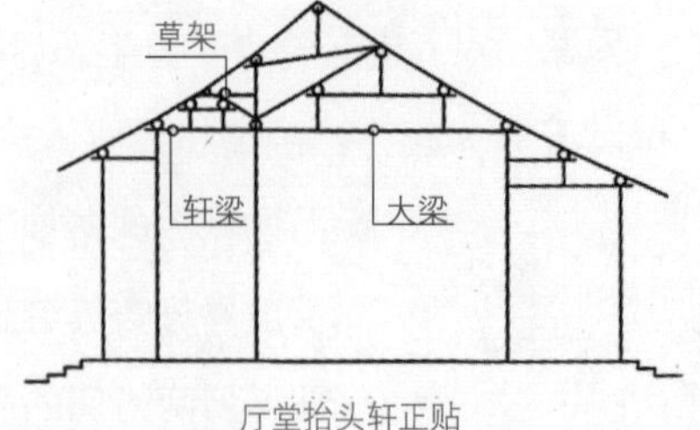

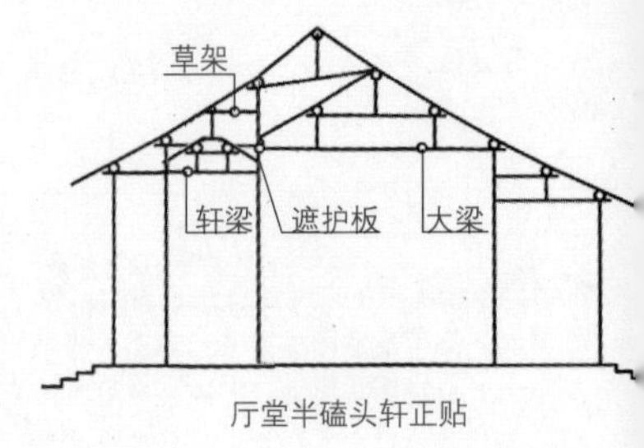

图3-3　磕头轩等三种剖面示意图

轩板”封护轩的内侧与步桁连机下的间隙，以遮护轩上的草架。除了抬头轩和磕头轩，还有一种大梁高于轩梁，但仍用重椽、草架的，称“半磕头轩”，半磕头轩的内侧也要使用遮轩板。

2．轩的形式

轩的形式很多，常见的有“船篷轩”（图3-4）、“鹤颈轩”（图3-5）、“菱角轩”（图3-6）、“海棠轩”、“一枝香”、“弓形轩”、“茶壶档”（图3-7）等。各种形式的构造繁简不一，适用尺寸也有差异。一般来讲，弓形轩和茶壶档的结构简单，进深较小，一般仅三尺半到四尺半进深（约1000～1250毫米），所以多用于廊轩。一枝香当中增设轩桁，进深加大到四尺半到五尺半（约1250～1500毫米），可用于大型建筑跨度较大之廊轩，以及小型建筑的内轩。其他形式的轩，轩桁增为两条，进深相应扩至六尺到八尺（约1650~2200毫米），最大的甚至可达到一丈左右（约2750毫米以上），基本都只用在内轩位置。与此相应，跨度越大的轩，往往装饰也越考究，用于建筑物中较为重要的位置。

茶壶档的构造是在游廊上部架廊川，一端架在廊柱顶端，另一端插入轩柱。距川的顶面三寸左右，列直椽搁置于廊桁与轩枋上，椽的中部高起一望砖厚。

弓形轩在廊柱与轩柱间放置扁作轩梁，轩梁下多用梁垫承托，轩梁上弯如弓状，上面的椽子也随梁形弯曲。

一枝香进深较弓形轩和茶壶档深，其柱间所用轩梁多为扁作，轩梁的中间置四六式坐斗一个，上架轩桁。斗口左右安“抱梁云”（一种木雕）。轩上椽子用两列，分别架在廊桁与轩桁、轩桁与轩枋之间。

轩上所用椽子的形式有两种，一种上部锯解成上凸的弧线，同时下部作内凹的弧线，称“鹤颈式”；另一种上部也是上凸的弧线，下部作凸凹弧线两段，两段凸起的弧线交接处尖出如菱角状，称为“菱角式”。对应的，使用鹤颈式轩椽的就是鹤颈轩，使用菱角式轩椽的则为菱角轩。

船篷轩用作内轩时，用料一般都为扁作，少数也有用圆料

图3-4 船篷轩

图3-5 鹤颈轩

图3-6 菱角轩

图3-7 茶壶档轩

的。由于进深较大，扁作轩梁的梁背上需相应配置两个坐斗。此外，轩梁为贡式梁的贡式轩，以及轩梁为圆料的，则在轩梁三分之一处立两个童柱，两柱间上架短梁。

贡式轩及用圆料的轩，其轩梁、短梁形式一如内四界梁架，而用扁作的轩梁形式也与大梁同，短梁则做成“荷包梁”。荷包梁的梁背中部隆起，梁底中间凿一寸至一寸半的小圆孔，下作缺口——“脐”，脐缘起圆势，梁端开刻架桁。轩深以轩桁分作三界，当中的顶界略小，轩桁之上架弯椽，两旁可用直椽或向外突起的弯椽，使轩形如船篷，即为船篷轩。若两旁用鹤颈状弯椽或菱角状弯椽，则对应称为鹤颈轩或菱角轩。

轩与内四界覆水椽上都铺望砖，使用弯椽的地方望砖还依椽的曲势匀分打磨，使之铺覆严密。为防止移位，望砖上往往还覆芦席等物。

总之，轩是苏州传统民居的重要特色组成部分，主要用于扩大建筑进深和装饰，除基本形制外，具体形式、做法可如苏州园林随心发挥创意，但要与建筑主体保持协调、当好配角。

三、室内地面、楼面与楼梯

1. 地面

根据所见铺地材料，苏州传统民居的室内地面大体可分为木地板与砖铺地两大类。木地板多用于卧室、内厅等居住部分，而很少用于有外客的礼仪性空间；客厅等前三厅功能空间都是铺砖地面。普通百姓家多是铺砖地面。同是铺砖，因住户经济实力、建筑档次而尺寸大小各异，砖的制作精美和铺砌质量也有差别。

室内铺砖地面多为方砖密缝铺砌。方砖尺寸有1.3尺到1.8尺见方数种，依据建筑物等级、规模选用。一般而言，民居组群中，以客厅所用方砖为全宅规格最大、质量最优，施工也最为考究。

传统民居室内地面铺砖有直铺与斜铺（与建筑轴线45°交角。据当地老匠师说，官员之家方可斜铺）两类。面宽方向，以建筑中轴线定位，以砖（不以缝）对中，向两侧顺铺。进深方向，以主要门户的室内地坪边线为起点向内铺砌，以保持进门第一排砖的完整（直铺不裁割，斜铺对角分，不被门槛等压盖）为佳。

2. 楼面

苏州明清民居的楼面，基本多为木地板，也称楼板。

楼板构造做法大致如下：先在柱间的楼层高度位置架设大梁，其中进深四界的大梁称为承重，进深为两界的称为双步承重，承重的断面多为长方形；承重上面架与之相垂直的搁栅，搁栅上面再铺楼板。楼板之间的拼合，或起和合缝（类似上下企口），或起凹凸缝（类似公母口），以隔绝尘埃。在廊柱与步柱之间，则以短川连络，并使短川上皮与搁栅相平，其上再铺楼板。

搁栅的间距多为每界一根，因此，搁栅用材较厚，有四寸乘六寸的四六搁栅，以及五寸乘七寸的五七搁栅之规制；更有甚者，两个步柱之间，仅仅在与上部屋脊对位处设置一件断面特大的搁栅，称为对脊搁栅。采用对脊搁栅的，楼板的跨度加大，不但板厚必须两寸以上，而且使用中也易产生弹晃现象。通常考虑经济因素与楼板的稳固，使用厚度较薄的企口板作为楼板，并适当减小搁栅的间距。

3. 楼梯

苏州传统民居多用木楼梯沟通上下层。楼梯由栏杆、踏步、两侧支护（《营造法式》中称“颊版”）等基本构件组成，复杂一些的还有楼下的栅栏、楼上开口位置的翻板门。各个部件先预制成型，再以榫卯相接安装就位。

楼梯多设在廊、厢房等处，如在厅堂中一般设在北侧，且多在次间、梢间，设在正间的往往在中堂屏风墙后。楼梯折法较为自由，没有明显规制，现存民居中既有直跑，也有两跑以及两段或三段折线等做法。

楼梯踏面（踏步）多为八寸以下，踢面（起步）高度多为五寸以上，比现代楼梯陡峻。楼梯木扶手高度也比现代楼梯扶手低，多数为三尺以下（图3-8）。

四、檐口、阳台与腰檐

出檐是传统木建筑的重要特征。正规些的建筑檐椽上多用飞椽（飞檐椽），以使屋面曲线延续到檐口，也起到抬高檐口的作用。

苏州传统民居的出檐，大体可以分为廊桁出檐与梓桁出檐两种，前者是直接以檐柱柱顶廊桁衬托出檐，檐出较小，大约在两尺左右，构造简洁，一般不做装饰与雕刻，多用在边廊、后檐等次要位置；后者出檐比较复杂，在檐柱柱顶廊桁之外另有梓桁（即挑檐桁），并在梓桁上出檐，出檐深可达三尺以上，且节点丰富，常具装饰性，厅堂前檐等重要位置多用梓桁出檐构造。

从檐口构造的牢固考虑，首先要注意出檐长度的控制，挑出过多容易下坠，因此廊柱和步柱之间的界深，也就是出檐椽从廊桁到步桁的长度，必须比出檐部分长，以使挑出部分的重量得到平衡稳固，以免檐口倾覆。

出檐距离过长时，必须在出檐椽下设梓桁承托。梓桁搁置在出挑的轩梁上，出挑端多刻云头，这种构造称为云头挑梓桁。

为了扩大梓桁与出挑轩梁的接触，梓桁下方平行放置有短机，机身刻有花纹，称为“滚机”；出挑轩梁云头下方，多有柱身出挑的丁头栱（称为蒲鞋头），此丁头栱有受力要求，多用实栱，栱上之升开十字口，厚同云头，约为梁身的五分之三，高度多与梁垫相同。

二楼设阳台时，往往将楼面承重的前端伸长挑出两尺左右，承托阳台；或在承重出挑端立柱，并以短川与步柱连接，短川上覆斜屋顶。凡是这种由承重挑出的结构方式，称为硬挑头（图3–9）。与此对应，凡是采用短枋连于屋面，并有形状类似鹤颈的斜撑将短枋、柱身联系成三角受力关系的结构方式，则称为软挑头。软挑头上覆盖的斜坡屋面，称为雀宿檐（图3–10）。

图3–8　可园楼梯

图3-9　硬挑头

图3-10　雀宿檐及软挑头（一）

图3-10 雀宿檐及软挑头（二）

第四节 构件典型特征

本节对构架与构造中，富有苏州地方特色的构件做法加以分析阐述，主要包括柱、大梁、梁垫、蜂头、枋、机等构件。

一、柱

大木构架中凡直立的构件都称为“柱”，但因所处的位置或形式的不同而各有专称。位于屋檐之下的称“檐柱”；承托大梁的为“步柱”，有些建筑为增加室内无阻碍空间，步柱悬于梁枋之下，并将柱的下端雕成花篮状，则称作“荷花柱”、“莲花柱”或“花篮柱”；“脊柱”在屋脊之下承脊桁。苏州传统民居建筑往往仅边贴或门第正贴的脊柱才落地，

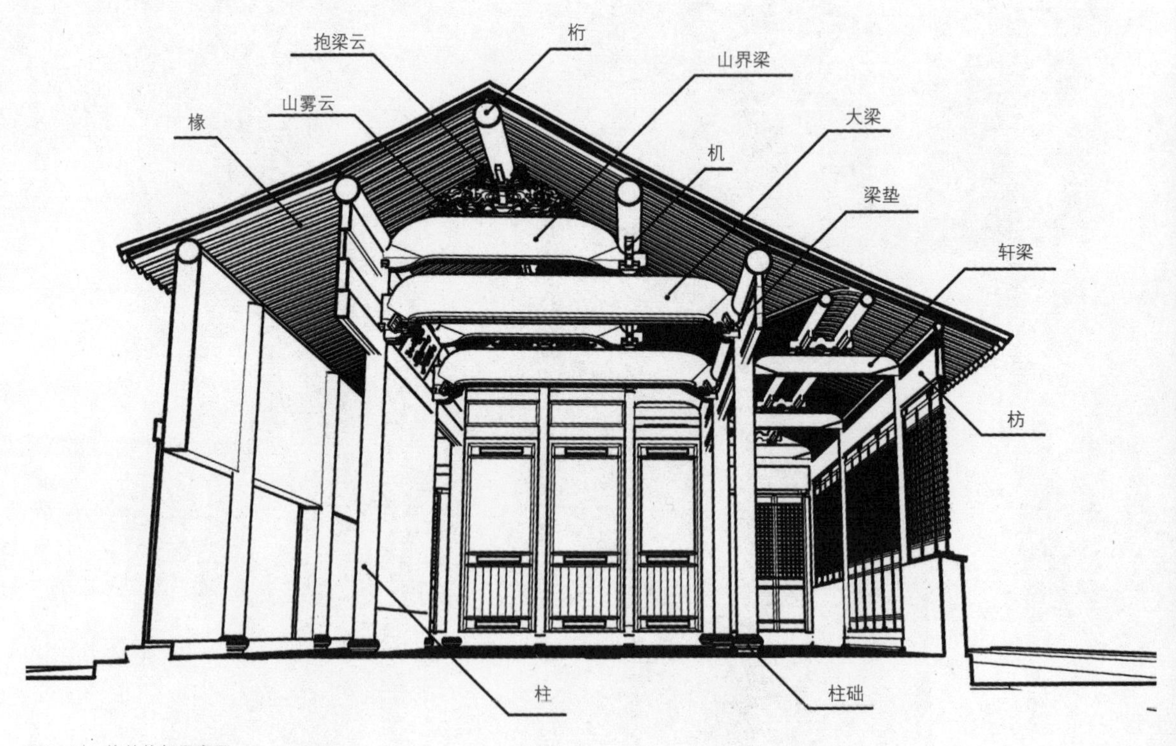

图3-11 构件构架示意图

一般厅堂正贴的脊柱多落于山界梁上，高度很矮，故又称“脊童柱”；脊柱与步柱之间的为“金柱”，金柱大多也为短柱，故又称“金童柱”。若因需要将金柱落地，则称“攒金”。

在厅堂类建筑中，内四界前往往还增设翻轩、前廊，此时轩前之柱称“轩柱”。游廊所用的柱子亦称“廊柱”。此外像攒尖亭之类的尖顶中心用一根柱状木料作为各老戗根部的立撑点，其名为“灯芯木”。

1．檐柱（廊柱）

苏式建筑一般以正间面阔的十分之八来定檐口高度，其正帖檐柱高大体上与檐口高相仿；而正规客厅、殿庭正贴檐柱高则与正间面阔相等，其围径为正贴步柱的十分之八，厅堂、平房正步柱的围径是正间面阔的十分之二，殿庭的则为内四界深的十分之二。硬山建筑的边贴柱高与正贴同，柱径为正间的十分之八。

2．步柱

步柱的高度要根据贴式来确定。平房的内四界前不用翻轩，或有深一界之廊，且不用斗栱，因此以廊柱加提栈定步柱之高，有时为增强屋面的曲势还要稍加叠高，以达到“囊金叠步翘瓦头”的效果。厅堂和殿庭的内四界前一般都做翻轩，步柱之高要根据轩的形式予以确定，如用磕头轩时步柱与轩步柱同高；用抬头轩时步柱较轩步柱再加一份提栈高度：而用半磕头轩时则需依据轩梁与大梁间的高差确定步柱之高。正步柱的围径，厅堂、平房是正间面阔的十分之二，殿庭为内四界深的十分之二，边贴步柱也为正贴的八折。

3．轩步柱

厅堂、殿庭在内四界前一般都设有翻轩，故其步柱和檐柱（廊柱）之间要用轩步柱。轩步柱高为檐柱（廊柱）高加斗栱高，再加提栈，其围径是步柱围径的十分之九。

4．脊柱

硬山建筑的边贴和门第的脊柱多为通长落地，但与它们相联系的构件略有差异。和边贴脊柱相接的主要为进深方向的构件，由上而下分别是短川、双步及夹底。开间方向仅与脊桁相连。门第的脊柱在进深方向与之相交接的构件和硬山平房、厅堂的边贴脊柱相仿，规模较大时还有三步与之相交。开间方向除脊桁外还有连机、额枋与之相连。

脊柱高需根据提栈算得，其围径为步柱的十分之八，即与檐柱（廊柱）相等。

5. 童柱

凡立于梁上的短柱都称童柱，因其所在位置而有不同称呼。如大梁之上所立的为“金童柱”；山界梁上的为“脊童柱”；双步之上的为“川童柱”。童柱仅圆作使用，扁作则以坐斗、梁垫、寒梢栱等取代童柱。

童柱之高根据提栈算出，柱脚围径与立柱梁的围径相近，柱头围径则明显变小，所以柱身有比较明显的收杀。童柱下部的两侧还要逐步由圆向尖过渡，与柱下之梁交接处做成“鷹鹉嘴”状。柱脚鷹鹉嘴内做半榫，有用单榫的，也有用双榫的，双榫制作稍烦但结合稳固。柱头则用开刻、留胆，与上部的梁、川或桁相连。

6. 攒金

攒金一般是将后金柱落地，因此原先的大梁在此结束，并以搭接榫的方式穿入攒金的卯眼。此外大梁后部的短川改为双步，双步换成三步。

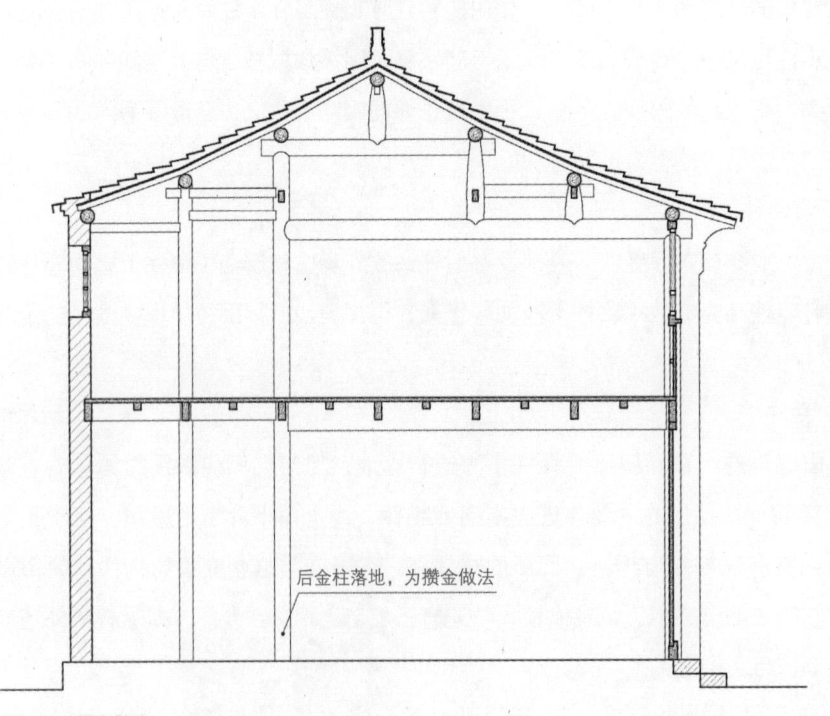

图3-12　攒金做法

柱的一般做法特征　表3-2

柱名	位置	尺寸	特点	备注
檐柱	位于屋檐之下	正贴步柱围径的十分之八	圆柱为主	偶见方柱
步柱	承托四界大梁	步柱围径，厅堂、平房是正间面阔的十分之二，边贴步柱为正贴的十分之八	圆柱为主	柱梁交接位置多装饰
轩步柱	内四界前带翻轩，步柱与廊柱间用柱	其围径是步柱围径的十分之九	多见圆柱	
脊柱	建筑中脊位置	脊柱高需根据提栈算得，其围径为步柱的十分之八	圆柱	
童柱	立于梁上的柱子	高度据提栈，柱脚与所立梁的围径相近，柱头明显变小	柱身收杀，下部两侧由圆向尖过渡	童柱仅圆作使用
金柱	步柱与脊柱间，落地为攒金	与步柱相近	圆柱为主	

二、梁、枋

1. 梁

梁是传统建筑中进深方向的构件，一般都是悬空水平搁置，主要承受屋面和上部构架的荷载。梁因位置不同而名称各异，形状也有较大差异，苏式建筑中的梁类构件主要有：大梁、山界梁、双步、川、轩梁、枝梁和搭角梁等，其中枝梁、搭角梁传统民居中不常用。

（1）大梁

正贴的两步柱间一般深四界，其上架大梁，故也俗称“四界大梁”。一些建筑，比如园林建筑中，偶有步柱间深三界或五界的，其上的架梁相应则称为“三界梁”或“五界梁”，通常也都简称为大梁。按照横截面，大梁有圆作和扁作之分。

圆作大梁的制作较为简单，以内四界深的十分之二确定围径，以梁头自步桁中心向外伸出一尺至一尺二定梁长。

扁作大梁因是圆料结方而成，故其用料围径较圆作稍大，长度与圆作相同。将圆木料锯成方料后再予拼高（拼叠），拼高可用实叠，即两条相同尺寸的方料以鼓卯、鞠榫连接叠合；也可用虚拼，即用两条五分之一梁厚的板条拼于梁的上部，仅于斗底处才用木块填实以承斗。而如果用独木的，就要求圆木的直径足够大。

梁背做卷杀，一般起自桁槽内侧的机面线，起圆势至深半界处并与梁背直线相接。而梁底的挖底起于距桁中半界深处，起小圆弧向上挖去半寸，其底面作琴面。因梁背卷杀和梁底挖底，其势总体向上隆起，故扁作大梁也习称“月梁”。

梁侧上自机面梁背圆势的起始处，下至挖底的起始位置作斜线，其外侧两面各截去梁厚的五分之一做梁头，截出的三角形谓之“剥腮”或“拔亥”。梁头承桁处按桁条的曲率画出圆槽的形状，其下部凿与连机相连的榫槽。

一般扁作梁架都要在大梁、山界梁的两侧、底面进行雕饰，故在制作完成后再用模板绘出雕花小样予以雕花。

（2）山界梁

山界梁的形式与大梁相似，制作程序也基本相同。圆作山界梁的围径取大梁的八折，长为两界深再加梁头的伸出部分。因提栈渐陡，山界梁的梁头伸出也较大梁短，一般为一尺左右。梁背中部凿卯眼与脊童柱相连，梁底的两端作与金童柱相连的卯眼。

扁作山界梁也以大梁的八折定高、厚，梁头伸出桁条亦为一尺左右。其卷杀、挖底、剥腮的形式做法一如大梁。

（3）双步

七界平房、厅堂的内四界后一般都联以双步。边贴中柱落地，其前后也以双步代替大梁。双步一端做榫连于柱子，另一端凿卯眼架在柱头上，或做云头安放于斗栱上。

圆作双步的围径为大梁的十分之七，基本长为两界深加伸出桁条中心的端头长，而位居不同位置的具体长度另有区别：边贴脊柱前后的双步后尾用聚鱼合榫，长三分之二脊柱径；边后双步下还有夹底，故双步后尾用半榫，长半份左右步柱径；正后双步后尾用透榫，榫长须大于步柱径。双步的划线程序与大梁、山界梁基本相似。

（4）川

内四界前若深一界，其檐柱和步柱间联以“廊川”；正双步之上架于柱与川童（或斗）之间的，称为“金川”；后双步之上的称“短川”。

圆作川的围径是大梁的十分之六。

双步之上所用的短川也以大梁的十分之六定高、厚。其上端连于柱，下端架于斗。上端的川背要较下端高二寸，称“捺稍”。川下挖底也需做成上端高下端低，高的一侧挖深二寸，低侧为半寸，以此来增加曲势，使整个川的形状呈眉状，故俗称“眉川”，因其一侧突起如驼峰故又称“骆驼川”。

扁作因内四界前多用翻轩，廊川种类较多，其形式和截面比例需视具体翻轩的特点而与内四界协调，尺寸比内四界酌减。

梁的一般做法特征　　表3-3

梁名	位置	尺寸	特点	备注
大梁（扁作亦称月梁）	正贴步柱之间。偶有次贴步柱之间亦用	以内四界深的十分之二定围径，自步桁中心向外伸出一尺多定梁长；扁作略大	扁作月梁，梁背卷杀，梁底挖底，底作琴面。梁侧斜线等装饰	多为四界大梁。扁作大梁两侧多雕饰
山界梁	大梁之上	山界梁围径取大梁的八折，长为两界深再加梁头伸出	装饰同大梁，梁背中部凿卯眼连脊童柱，梁底两端作卯眼连金童柱	扁作者两侧多雕饰
双步	正贴内四界后；边贴中柱前后替代大梁	围径为大梁的十分之七，长为两界深加伸出桁条中心的端头长	一端做榫连于柱子，另一端凿卯眼架在柱头，或做云头搁置斗栱上	
川	廊上，正双步上，后双步上	围径为大梁的十分之六		扁作因内四界前多用翻轩，故廊川种类较多

2. 枋

枋类构件是传统建筑中的联系构件，主要起拉结和稳固梁柱的作用。

（1）檐（廊）枋、步枋和脊枋

柱与柱之间在开间方向起相互拉结作用的联系构件称为枋。虽然依据位置的不同而有檐（廊）枋、步枋和脊枋的名称不同，但其形式和尺寸大致相同。

檐（廊）枋位于檐（廊）柱的柱头，一般不带斗栱的建筑，其檐枋上出较柱头端面稍下，枋与桁下连机之间要留六至八寸的间隙以安装夹堂扳。

步枋连于步柱的上端，在不做翻轩的平房中，步枋与步桁下连机间装有高约八寸（220毫米）的夹堂板，如果步柱之前连以翻轩，则步枋或下皮与轩梁的机面相平，或上皮和翻轩上部的椽背同高，以良好遮隐轩侧为则。

门第若脊柱落地，脊柱的上部要用脊枋相联系，脊枋又因其位置的不同而分作“额枋”、“夹堂枋”和“过脊枋”。额枋位于门扇的上部，如果门第不大，或装饰要求不高，其上直至脊桁连机之下单用高垫板封护。若在脊桁下置斗拱则需在两脊柱头间连以过脊枋。若额枋与过脊枋之间高度过高，还要在其间再加一条夹堂枋，将垫板分隔为上下两段。

枋的断面呈矩形。通常以柱高的十分之一定高，但视情况可适当增减，考虑到木料的尺寸，最高不超过一尺二（约330毫米）。枋厚有三寸、四寸、五寸及六寸（约85毫米、110毫米、135毫米、165毫米）几种规格，一般厅堂及平房视建筑规模的大小而选用三寸或四寸厚（约85毫米、110毫米）的枋子。

大多数枋子的两头做大进小出聚鱼合榫，其长度为开间的面阔减去一柱径再加两端的榫长。廊枋、拍口枋在转角处做十字箍头榫，所以其端头要伸出柱外半个柱径。

（2）斗盘枋

斗盘枋平置于带斗栱的厅堂、殿庭类建筑的廊柱柱头上，其下为廊枋，上安斗栱。斗盘枋宽较斗面放出二寸，厚为二寸，其长度为开间面阔再加一羊胜式榫（燕尾榫）长，约四寸（约110毫米）。转角处相邻两斗盘枋做十字搭交榫，端头由角柱中向外伸出一个柱径。

（3）随梁枋，水平枋

殿庭建筑的大梁之下常辅以随梁枋，这一方面是为提高大梁的承载力，另一方面梁枋之间安置两座一斗六升斗栱也增加了室内装饰效果。随梁枋高与步枋相同，厚同斗底或稍宽，长为内四界深再加一步柱径。大梁大于六界时，随梁枋和步枋下还要再加一道枋子，四周相平兜通，故称“水平枋”或“四平枋”，其尺寸大小与相对的随梁枋和步枋相同。

（4）夹底

边贴的双步、廊川之下通常还要用矩形枋子拉结前后柱，这就是“夹底”。夹底一般和相邻的枋子平齐，其上与双步、廊川间的间隙用楣板封护。双步夹底的高、厚为正双步的八折，截面高厚比为 2 ∶ 1。脊双步下的夹底在与脊柱相连处用聚鱼合榫，与步柱相连处用大进小出榫。后双步下的夹底两端都为大进小出榫。廊川夹底高为正廊川的十分之九，截面高厚比亦为 2 ∶ 1，两端头做大进小出榫。

枋的做法特征 表3–4

名称	位置	尺寸	特点	备注
檐（廊）枋、步枋、脊枋	对应柱间	矩形断面，通常以柱高的十分之一定高，厚度随宜	多数枋子两头做聚鱼合榫，转角处做十字箍头榫	尺寸视情况可适度增减
斗盘枋	承托斗栱	斗盘枋宽较斗面放出二寸，厚为二寸	转角相邻斗盘枋做十字搭交榫，端头由角柱中外伸一柱径	长度随开间
随梁枋、水平枋	大梁下	随梁枋高与步枋相同，厚同斗底或稍宽	长为内四界深再加一步柱径，两端头做大进小出榫	
夹底	双步、廊川之下的柱间	双步夹底的高、厚为正双步的八折	夹底的位置和相邻的枋子平齐，其上与双步、廊川间用楣板封护	

三、桁条与椽子

1. 桁条

桁条也称栋、檩，是架于梁端、平行于开间方向的构件，依其位置有梓桁、檐桁、轩桁、步桁、金桁、脊桁之分。梓桁和轩桁需随大木构架是圆作还是扁作分别选用圆、方截面，其余各桁均为圆断面。

安装在正贴梁架上的桁条，其长度为开间长再加一羊胜式榫头长，榫长为十分之三桁条对径。架于硬山边贴上的桁条，其桁头要与梁的外缘平齐。架于歇山顶山花内侧的桁条，须视建筑的规模伸出构架中心线二尺半（约700毫米）。四坡顶的檐桁，其端头要正交搭叠，桁头伸出柱中一尺（约300毫米），在柱中做十字搭交榫。多角攒尖顶的桁条为斜交搭接，其端头伸出及榫的形式也需作相应的调整。一般桁条围径以正间面阔的十分之一点五为定例，梓桁和轩桁用圆料时其围径取檐（廊）桁的八折，用方材时为斗料的十分之八。

2．椽子

椽子架在桁条之上，按所在位置可分为脊桁与金桁间的“头停椽”、头停椽以下的“花架椽”以及伸出檐桁的“出檐椽”。除平房外，厅堂建筑还要在出檐椽上加钉“飞椽”。

头停椽、花架椽和出檐椽都以界深的十分之二定围径，其断面有荷包状的（即圆断面上部截去对径的四分之一），也有用宽四高三的矩形。头停椽及花架椽的长度为界深乘提栈算数，出檐椽一般伸出檐桁之外半界，斜长以廊深乘提栈算数再加一尺六至二尺四，以二寸为递进级数。飞椽断面都为矩形，按出檐椽宽的八折定宽，高为宽的四分之三；椽头挑出出檐椽约四分之一界深，也以二寸为递进单位；椽尾为楔形，长度略长于出檐椽伸出檐桁部分，即飞椽的后端要在檐桁中心线的内侧。飞椽通常两条一起制作，以两份椽头长加一份椽尾长确定木料的长度，然后在中段斜向划线锯解，一锯得到两条形状相同的飞椽。

椽与椽之间留有空档称“椽豁”，一方面为填塞桁条上椽间的空隙，另一方面也便于控制椽的间距，故一般都要在桁背钉闸椽或稳椽板。闸椽为钉于桁上椽豁内的短木条，先在两椽子的侧面开深、宽都为半寸的槽，然后用宽半寸、高与椽厚平的短木条（即闸椽）嵌入并钉固在桁背的中心线上口。稳椽板则为厚半寸左右的通长板条，在架椽位置开凿出一个个和椽子断面形状契合的槽口。安椽时先将稳椽板钉在桁背中心线的内侧，然后架椽于槽口之中。

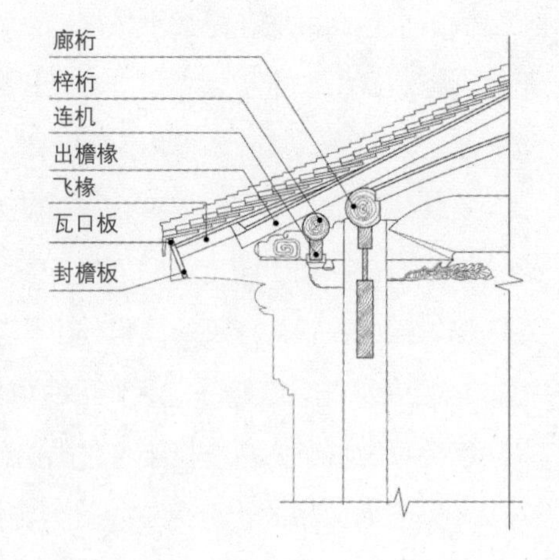

图3-13　檐口剖面图

出檐椽与飞椽之间有一层望砖（或木望板）相隔，为加强出檐椽与飞椽的连接，同时封护飞椽椽豁的空档，须在出檐椽的椽头之上钉里口木。里口木高为一份望砖厚再加一份飞椽厚，厚约二寸半，斜剖为断面呈直角梯形状的两条。里口木按飞椽位置及大小开凿槽口，安装时先将里口木钉在出檐椽背的前端，自里口木向内铺望砖（板）然后安装飞椽。

为防望砖下滑，飞椽前端、或不用飞椽时出檐椽的前端需钉一通长木条，称为“眠檐”。眠檐厚同望砖，宽一寸。在上下两椽的连接处也钉有与眠檐相同尺寸的通长木条，称“勒望”，其作用也是防止望砖下滑。为使勒望与梁架结合牢固，须钉在闸椽或稳椽板上。

除简易建筑外，一般都要在椽端眠檐上加钉瓦口板以阻止瓦片下滑，同时封护瓦端空隙。瓦口板中间依据瓦楞大小画出碗状起伏对称曲线，然后依线锯成高五寸、形状相同的两条。安装时将平直的一边钉固在眠檐上，为增加其稳定性，再用铁搭一端钉于瓦口板的上缘，一端钉在椽子上。

四、其他装饰构件

苏州传统民居构架中，在构件交结位置，往往有一些具有一定结构补强及装饰作用的构件，类似柱子与额枋交结位置设有雀替一样，在桁条与梁端交结位置有机，梁与柱子交结位置有梁垫（蜂头），厅堂内四界梁端有棹木；而构架的空隙位置往往有装饰构件，最为典型的就数山雾云与抱梁云了。这些构件往往精雕细刻，极大地增强了屋架的观赏性，而雕刻的题材往往也富含象征意义，表达了明清时期的居住观念。

1. 机与连机

屋面桁条之下多有用机的做法，既可提高桁条承载能力，也起拉结上部桁条的作用，还能增加构架美感。根据长度区别，机分为短机和连机，短机指长度短于其上的桁条，而连机长度与桁条相等。短机多用于脊桁、金桁及轩桁之下，长仅开间的十分之二，其厚与枋同，高厚比多为7：5，端部常雕各种花饰，如水浪（图3-14）、蝠云、花卉（图3-15）、金钱、如意等。

2. 梁垫、蜂头

扁作大梁与其下的柱或坐斗间所用的垫木为“梁垫”（图3-16）。梁垫高同栱料，宽与梁端剥腮相同，长及腮嘴。自柱或坐斗边缘至梁垫前端雕作如意卷纹。如果在梁垫底再雕有“金兰”、“佛手”、“牡丹”等纹样的透雕装饰，则称“蜂头”，蜂头伸出梁垫长约一份梁垫高（图3-17）。山界梁下的梁垫不加蜂头，其另一端从承托山界梁的坐斗伸出，做成栱状，称“寒梢栱”。寒梢栱的伸出长度视提栈而定，如果提栈较低，则用一层栱，其长与斗三升栱相同；若较高则用两层，栱长与斗六升栱相等。

3. 棹木、枫栱、山雾云和抱梁云

棹木为帽翅状的纯装饰构件，多为厚一寸半（约40毫米）、高依梁厚的1.1倍左右定样，翅长约为梁厚的1.6倍。棹木斜插于蒲鞋头的升口内，其上端水平斜出按高度的二分之一。棹木的看面都用高浮雕装饰，其题材有山水、人物故事等。

枫栱与棹木相似，常被斜置于十字栱的升口中. 其斜出亦以高度的二分之一为准。枫栱多为厚六分（约16毫米）、高五寸（约130毫米）、翅长七寸（约180毫米）的比例，正面常雕作卷草纹样。

山雾云斜置于山界梁背的坐斗中，为一块两侧依山尖形式截斜的梯形小板，板厚多为一寸半（约40毫米），其上雕仙鹤流云。抱梁云则为斜置于斗六升栱的升口内的装饰性板状构件，常见者厚约一寸（约30毫米），高自升腰至脊桁心，总长为桁径的三倍，其上部依山尖的坡度，正面也雕作流云纹样。山雾云和抱梁云距地较高，故其雕镂须深，多是透雕或高浮雕。

图3-14　水浪机

图3-15 花机

图3-16 梁垫

图3-17 梁垫蜂头与棹木

图3-18　山雾云与抱梁云（一）

图3-18　山雾云与抱梁云（二）

第五节 总体特色

传统民居大木构架是苏州传统营建工艺的重点内容，几个特色尤为值得注意：

苏式屋架的提栈，与宋代举折、清代举架有所不同，赋予了苏式建筑别样的屋面坡曲线，并进而产生了苏州明代建筑与清代建筑不同的外部形象。

在构架类型的配置上，通过正间抬梁式、次间和梢间穿斗式，以及构架的装饰繁简来区别室内空间的主次等级。

轩在传统民居室内空间中的应用，也是苏州木构架的典型特征。在轩的种类丰富、组合多样、制作精美等诸方面，尚未发现其他传统民居有可以比肩者，而以轩组建的鸳鸯厅更是苏州独创。

在构件的装饰方面，苏州传统民居大木构架通过棹木、蜂头、花机等构件的雕饰，对室内空间的装饰化与精致化起到点睛的作用，由此产生亲和柔美的空间效果，与官式建筑的雄伟威严各异其趣；在江南地区构架中常见的月梁应用方面，苏州传统民居应用极为普遍，制作水平也最为精致。

可以说，苏州传统民居大木构架的诸多特色，就是追求精细与雅致的苏州工匠精神的直接形象体现。

装折

第一节 门

一、位置分类

1. 墙门

用于住宅主要出入口的门楼及石库门等处，故也称库门，一般用实拼门。

2. 大门

用于房屋主要出入口的前廊柱、前步柱等处，一般用实拼门和框档门。

3. 将军门

用于达官显贵的大型宅第门厅建筑正间主要出入口的前步柱、脊柱等处，一般用实拼门和框档门。

4. 槅扇门

用于房屋正间等主要出入口，分隔室内外，苏州传统民居普遍使用，考虑采光的要求，一般用花格门。传统上花格部分以纸张裱糊，考究的建筑会使用“明瓦”，一种以贝壳打磨至半透明的材料。清中晚期后，随着玻璃在建筑上的使用逐渐普及，明瓦逐渐被淘汰，采光部分比例逐渐增大，花格形式更加丰富多样。

5. 屏门

用于房屋正间后步柱之间，或者鸳鸯厅正间两脊柱等处，《园冶》称为“屏门”，意为屏蔽之功用，多用框档门。也有将框档门两面都安装面板的，中空似鼓，俗称“鼓儿门”。此外，因朝向大厅的前板常常髹饰白色油漆，又有“白缮门”之称。

6. 房门

用于室内分隔空间，多在正贴廊柱和步柱之间等处，因房间的私密性，一般用框档门。

门分类 表4-1

名称（类）	位置	构造
墙门	住宅主要出入口的门楼、石库门等处	实拼门
大门	房屋主要出入口的前廊柱、前步柱等处	实拼门或框档门
将军门	大型门厅正间的前步柱、脊柱等处	实拼门或框档门
槅扇门	房屋及厢房对内院设门等处	花格门
屏门	厅屋正间后步柱之间，或者鸳鸯厅正间两脊柱之间等处	框档门
房门	正贴廊柱和步柱之间等处	框档门

二、构造分类

按照构造的不同，可分为实拼门、框档门和花格门。

1．实拼门

由木板拼接而成，无边框（图4－1）。用于不同功能其厚度也不相同，一般对户外大门厚5～6厘米，院落门厚约3～4厘米，而室内分隔门厚约2厘米。为避免木材变形而生缝隙，木板以高低缝或雌雄缝相拼，并用硬木销贯通。用作外门时，其表面多髹饰黑色油漆（明清时官家可按品级饰朱、紫色），而用于分隔院落、房间时一般表面髹饰荸荠色油漆。

2．框档门

以木料为框，在木框间镶定木板，背后加以穿带，形成方格

图4－1 实拼门（留园）

略似棋盘的门（图4-2）。框档门两侧的直框称为边挺，上下两头的横框称为横头料。横头料和边挺做半出榫连接。其正面外侧做掀皮合角，中间设横向木料，称为光子，光子一般有五根，与边挺做半榫连接，其中三根用穿带做法与1～1.5厘米厚的门板连接，门板之间用竹钉相拼接，木板的上下两头做成板头榫与横头料连接。框档门用作户外的大门时，其木板以外常复钉竹条，镶成万字、回文等式样，较为美观；而用作屏门的，朝向大厅前部的一侧一般为白色油漆。

3. 花格门

以木料为框，上下端设置腰头，中间设置绦环板，下部腰头与绦环板之间设置裙板，绦环板与上部腰头间安装花格。两侧木料也称边挺，横向联系的木料称抹头，一般槅扇门为六抹头，也有花厅槅扇门用四抹头的。花格门多只用作住宅内部的室内外分隔门，户外的大门不用。

图4-2　框档门（留园）

图4-3 网师园（万卷堂）正间的花格门

第二节 窗

一、分类

1．长窗

长窗用于房屋除正间等主要出入口以外的位置，由花格、裙板、上下腰头和中间的绦环板组成。与门的通行功能不同，其主要用于采光与通风，常见在长窗内侧设有木栏杆的做法。

因槅扇门和长窗构造、做法相同，过去有习惯把槅扇门（花格门）也称为“落地长窗”，笔者认为，应从功能和位置角度，区分槅扇门与长窗（正常从窗出入似乎不妥）。

2．短窗

建筑墙体上或者栏槛上设置的平开窗，长度较长窗短一些，故称短窗（习称“半窗”，图4-4、图4-5）。主要由花格、上下腰头组成，也有一些有裙板。

3．横风窗

横风窗即建筑檐口过高时，安装在门和长窗上部的窗（图4-6、图4-7），用以调节樘口的分割比例；同时降低门的高度，以避免变形。

4．和合窗

和合窗窗高分为二或三段，是一种上悬式窗，有利于灵活选择遮阳与采光、挡风与通风（图4-8、图4-9）。用作生活休闲性建筑的次、梢间，或者亭阁、旱船的外窗，门厅、轿厅、客厅无此做法。

5．景窗

景窗窗扇固定，一般不能开启。有多种形状，如方形、六边形、八边形、圆形等。

6．花漏窗

花漏窗常用于围墙上，由窗框与窗花组成，窗花间不用任何隔断，两侧通透。常见形状有方形、六边形、八边形和圆形等。偶有以墙体半厚做花窗，作为装饰，但不能称“漏窗”。

图4-4　短窗（网师园）

图4-5　花结短窗（网师园）

图4-6　长窗与横风窗

图4-7　外檐横风（留园）

图4-8　和合窗上悬外开

图4-9　网师园和合窗

二、结构

1. 长窗

长窗用边挺和横头料榫接为框，框内以横头料分成五部分，上端横头料之间镶板称为上夹堂，往下依次为内心仔、绦环板、裙板和下夹堂。心仔的后面安装玻璃。

2. 短窗

短窗也是用边挺和横头料榫接为框，框内以横头料分成三部分，上端横头料之间镶板称为上夹堂，往下依次为内心仔和下夹堂。其他同长窗。

3. 横风窗

横风窗由两根边挺和上下横头料榫接而成，中间为内心仔，安装在上槛和中槛之间，通常以安装间宽分为三等分，窗扇中间用短枕分隔。内心仔的花饰应与其下长窗基本一致，仔后安装玻璃。横风窗为固定窗扇，不能开启。

4. 和合窗

和合窗窗扇呈扁方形，边框榫接，两侧为边挺，上下为横头料，其内为内心仔。内心仔里面嵌入花纹。窗高一般分为二至三段，上段窗扇可用长杆摘钩支撑，上翻旋开向外支起，下段窗扇可以摘下。

5. 景窗

景窗由窗框和窗扇组成，窗扇以专用销子固定在窗框上。

6. 花漏窗

花漏窗由外框和窗花组成。外框由砖砌筑成两道线脚，窗花的材料有瓦片、望砖、纸筋灰和铁丝等。也有的花漏窗做砖细。

三、纹饰

1. 内心仔的花格饰样

根据《园冶》、《营造法原》等文献记载的图样，苏州地区常用窗的花格饰样主要有万川式、书条式、海棠式（凌花式）、六角式、八角式、卍字式、冰纹式、花结式和如意式，在这些样式基础上还产生了各种变式。常用图样如表4-2所示。

苏州地区常用窗的花格饰样　　表4-2

基础花纹	万川式（图自《苏南浙南传统建筑小木作匠艺研究》）			
变式	宫式万川	葵式万川	整纹万川	乱纹万川
图案				

续表

基础花纹	书条式（图自《苏南浙南传统建筑小木作匠艺研究》）				
变式	书条式	书条变井字	井字变杂花	井字变杂花	玉砖街式
图案	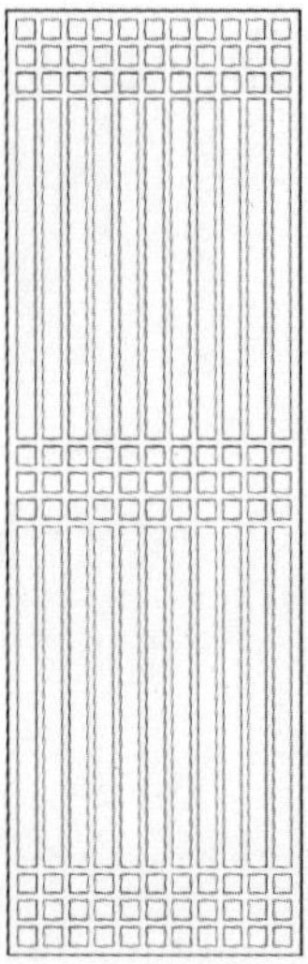	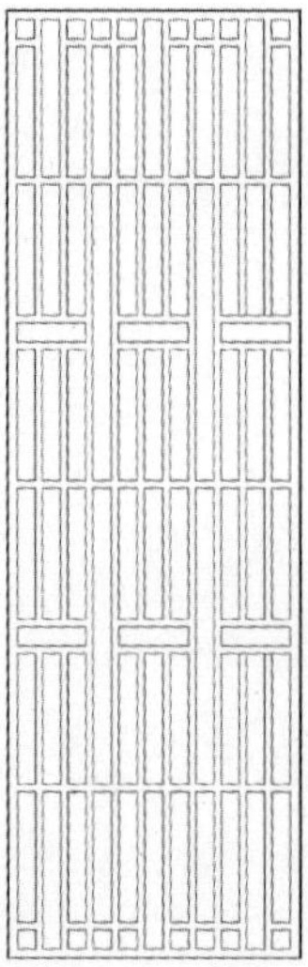	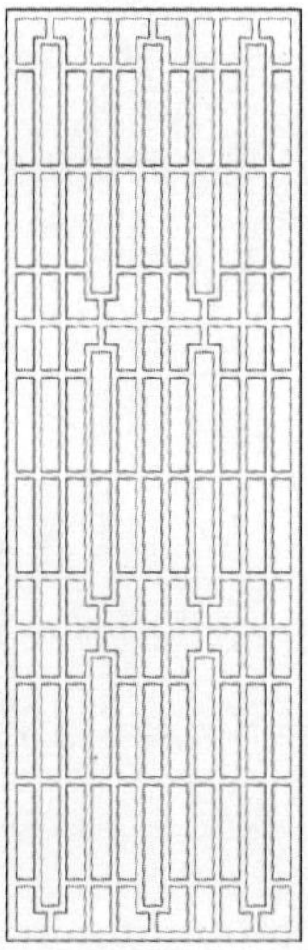	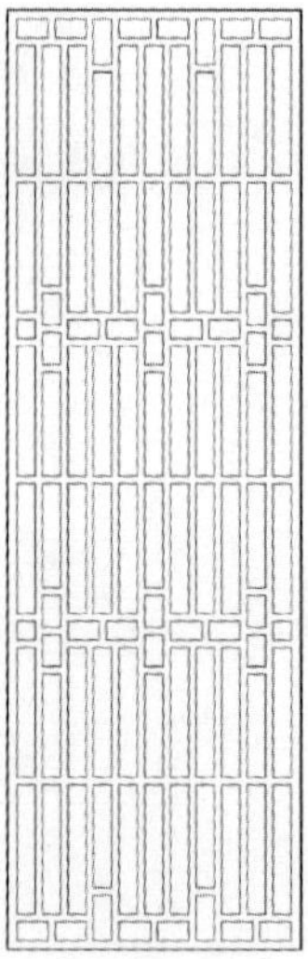	
基础花纹	海棠式（凌花式）（图自《苏南浙南传统建筑小木作匠艺研究》）				
变式	书条嵌凌	井字嵌凌	如意凌花	十字海棠	十字海棠
图案	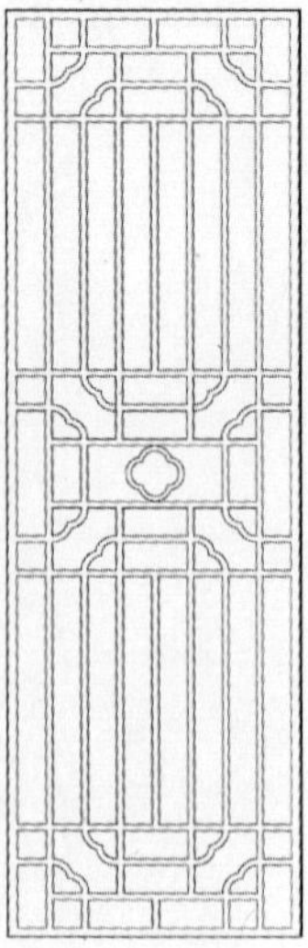	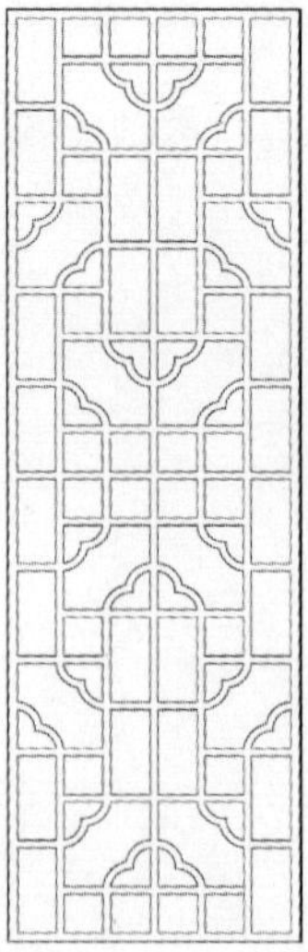			

续表

基础花纹	六角式（图自〈营造法原〉诠释》）		八角式（图自《〈营造法原〉诠释》）	
变式	龟纹六角	六角全景	八角灯景	十字川龟景
图案			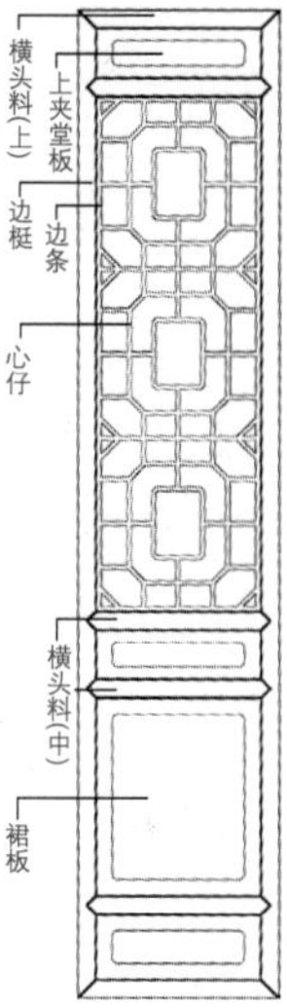	

基础花纹	卍字式（图自《〈营造法原〉诠释》）		冰纹式（图自《〈营造法原〉诠释》）	花结式（图自《〈营造法原〉诠释》）
变式	回纹卍字	软脚卍字		
图案	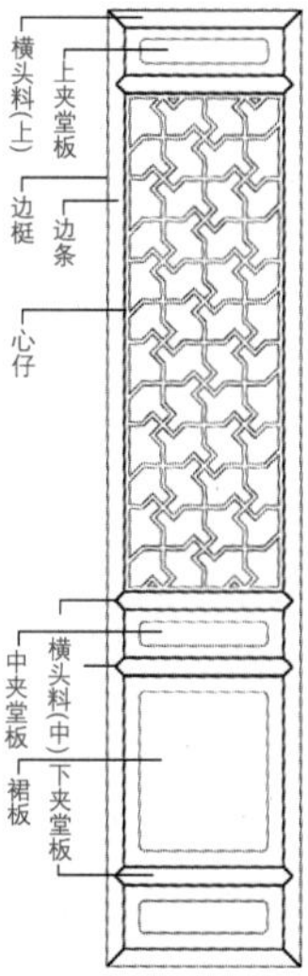	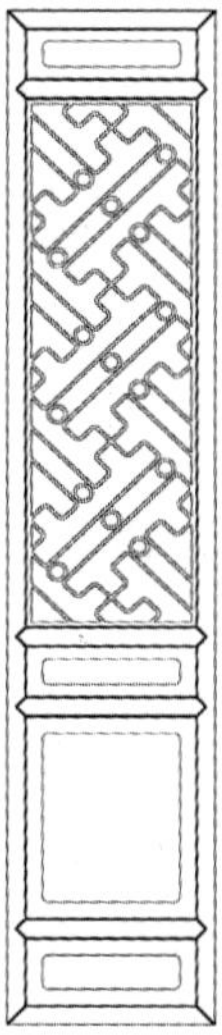		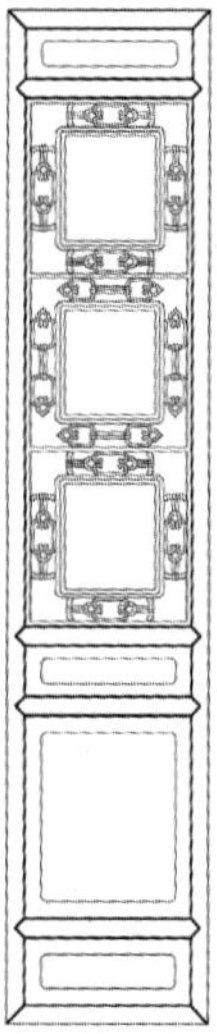

续表

基础花纹	如意式 （图自《〈营造法原〉诠释》）	
变式	整纹川如意	金线如意
图案	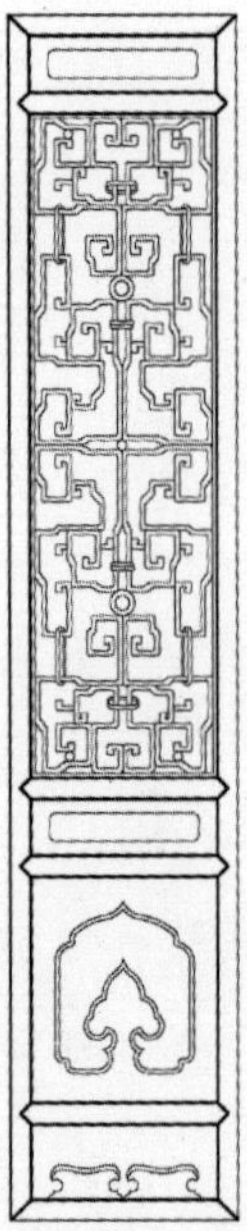	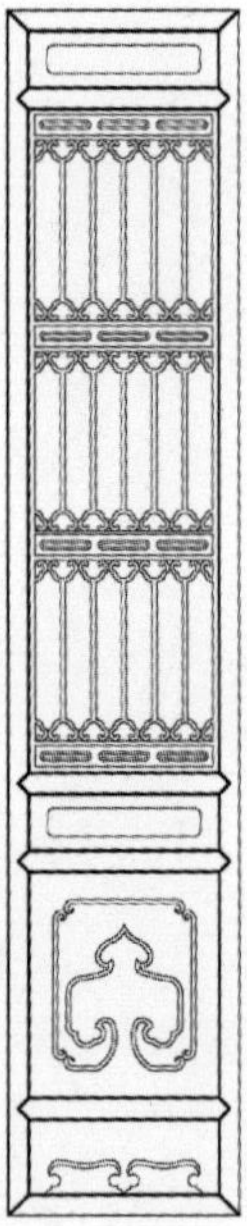

2. 裙板的饰样

（1）如意纹（最常用）

（2）花草纹

（3）博古、动物

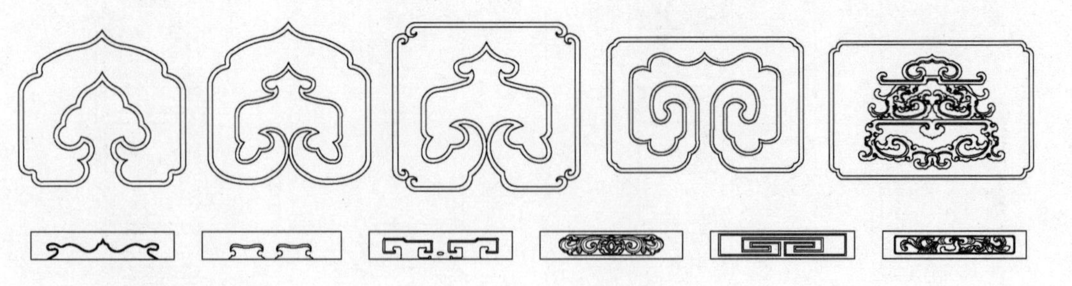

图4-10 裙板如意头纹样装饰[1]

图4-11 各式花草纹裙板

图4-12 博古、动物纹裙板

1 张家骥. 中国建筑论. 太原：山西人民出版社，2003.

第三节 挂落

一、分类

挂落可分为挂落和插角。

1. 挂落

挂落是由木条搭制而成，安装在两柱之间枋、机下的装饰性构件（图4-13）。多用于外廊，沿面宽布置，亦有用于室内，沿进深布置。

2. 插角

插角是安装在间的两端，与挂落具有类似装饰功能的构件（图4-14）。因其形式小巧，又称挂牙或者花牙子。常见于圆亭、扇亭等弧形建筑上或者一些檐口高度较低的走廊，起加固与装饰作用。

图4-13 外檐口挂落

图4-14 插角

二、结构

1. 挂落

挂落以三边做边框，分别与两侧立柱和枋相连，边框内部是心仔。采用榫卯结构，边框是双榫连接，心仔之间做榫卯连接。

2. 插角

插角一般有两种做法，一种是由整块木板雕刻而成，另一种则用木条以榫卯拼接而成。安装前，在插角一侧做短榫，在柱顶处凿相应的榫眼，插角上端做上大下小的榫眼，在枋底或连机底部凿同样但上小下大的榫眼，榫眼之前凿一个方孔，以便安装时能够插入扎榫。安装时，先将插角上的扎榫插入方孔内，再将短榫对准榫眼，将其插入推紧即可。

三、纹饰

挂落纹饰主要有藤茎类（图4–15）和万川类两类。万川又可分为宫式和葵式（图4–16）两式。

图4–15 藤茎类挂落

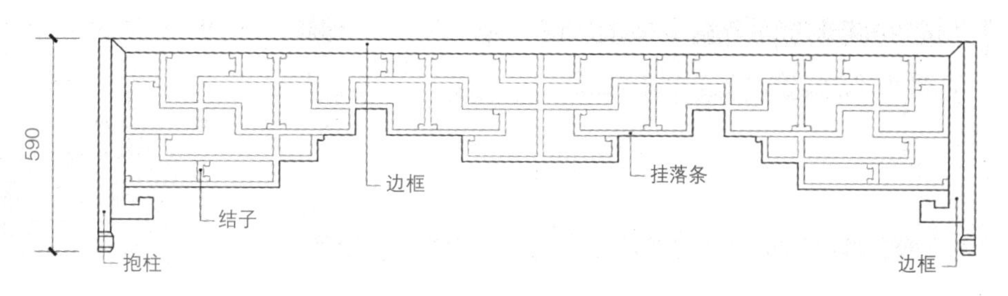

图4–16 葵式万川挂落

第四节 栏槛

一、分类与位置

按照栏杆高度区分，栏槛可分为半栏和栏杆两类。

1. 半栏

栏杆通高约400～600毫米，装在外庑廊之间，多有顶板作为坐具（图4-17）。

2. 栏杆

栏杆通高约830～1000毫米，其上为捺槛（图4-18）。常用在地坪窗、和合窗之下，或者装在楼厅上层的廊柱之间作为围护。

二、纹格

栏杆的纹饰比较多样，常见的有万川类、藤茎类、宫式、葵式、灯景式等（图4-19）。

三、吴王靠

吴王靠在苏州传统民居中较为常见，多用于庭院的亭、轩、临水建筑、楼阁和走廊等处，装于两柱之间，以替代半墙（图4-20）。坐板上有椅状靠背的栏杆，栏杆高约500毫米，长度依所属建筑的尺寸而定。据传是吴王夫差为西施筑园时期所创，故称“吴王靠”，也称“美人靠”、“飞来椅”，供人休憩，安全舒适。

图4-17 网师园（万卷堂）西小偏园的半栏

图4-18 网师园（殿春簃）前的栏杆

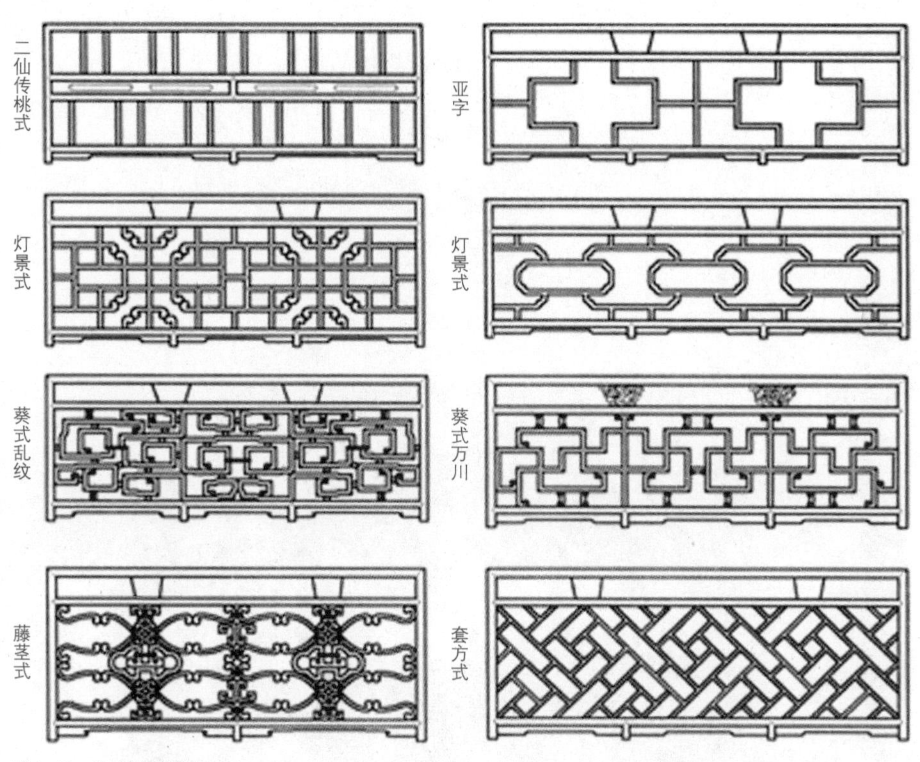

图4-19 各式栏杆图例

图4-20 吴王靠

第五节 隔断

一、分类与位置

1. 纱隔

纱隔又称纱窗，外形类似长窗，但比长窗精细，多为双起面、夹心仔做法，可两面观赏（图4-21、图4-22）。

图4-21 书画纱隔

图4-22 透过纱隔看前厅

图4-23　雀梅飞罩

2. 飞罩

飞罩与挂落类似，自两边向上飞扬会于中线，主要用于室内，安装在柱间或纱隔之间（图4-23、图4-24）。

3. 落地罩

如飞罩两端落地，即为落地罩。内缘多做成方、圆或八角等规则形，以利通行（图4-25、图4-26）。

二、饰样

1. 飞罩

飞罩按纹式可分为藤茎、葵式乱纹、宫式万字、鹊梅、松鼠核桃、松竹梅和喜桃藤等。

图4-24　藤茎飞罩

2. 落地罩

落地罩的做法一般有两种，一种是和挂落做法类似，三边及其内缘做框，框内做心仔，榫卯连接，花饰有宫式、葵式、整纹和乱纹等。另一种以整块或者两三块木料雕刻而成，其花饰多用雀梅、藤茎和花卉等，也有采用“岁寒三友”等大型题材的。罩的大小、形式一般视所在空间的大小和装修程度而定。

图4-25 方形落地罩

图4-26 圆形落地罩

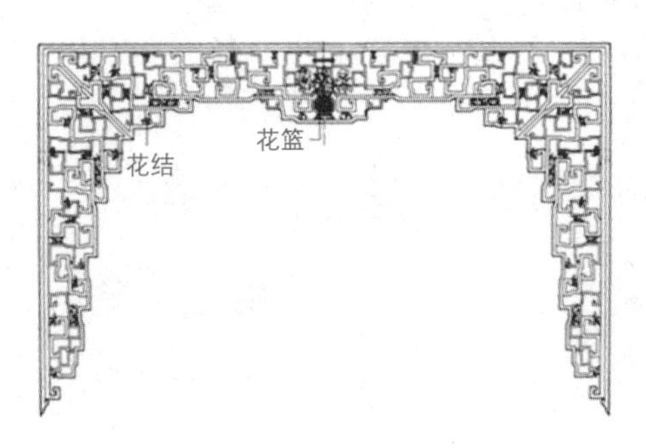

图4-27 乱纹飞罩嵌花结

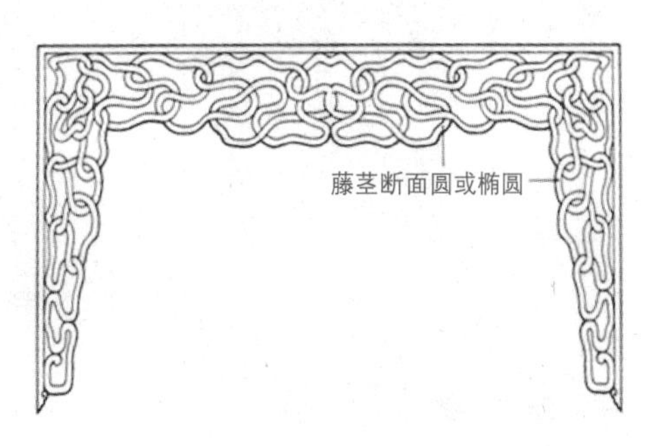

图4-28 藤茎飞罩

第六节 板壁

一、分类与位置

1. 隔板

将板壁安装在建筑物进深方向的柱间，以板壁分隔空间（图4-29、图4-30）。另据《长物志》记载，卧室等私密性强的房间“忌用板隔，隔必以砖”。

2. 护板

护板即在砖墙表面安装壁板，起到装饰和保护墙体的作用。

图4-29　书法板壁

二、构造

1. 板壁

板壁构造是：在柱间立横竖大框，然后满装木板，两面刨光，表面涂饰油漆或者绘制彩绘。

2. 护板

护板的安装方法是：在砌墙时，每隔数层放置木楞一道，然后在木楞上钉横竖龙骨，在龙骨上再铺钉护板，表面也可涂饰油漆或者绘制彩绘。

图4–30 绘画板壁

第五章

水作

第一节 屋脊

屋脊，是中国古建筑最重要的特征部位之一。在苏州传统民居中，不同形式的古建筑屋面有不同的屋脊；相同的屋面形式，视建筑的重要性不同，屋脊也有不同的做法。屋脊是反映建筑物等级和特性的重要标志之一。为了更清楚地比较，笔者对苏州的传统民居和其他各类传统建筑常用的屋脊一起进行系统梳理。

一、屋脊的分类

苏州地区古建筑的屋脊及其组合方式丰富多变，断面形式各异，又因脊饰不同而千姿百态。随之而来的是各种各样的名称，有官方规范（如清《工部营造则例》）称谓，有建筑行业称谓，有苏州建筑行帮称谓，民间称谓就更加五花八门。有把具体工艺做法和位置合成混称，有的名异而实为一物，如“钩子头”和“螳螂肚”均指基座两端的收头方式；有的则一个名称对应不同的部位，如“竖带”，庑殿与歇山建筑与正脊相交的屋脊均称“竖带”，实际上并不相同。如此各种称谓与说法相互混杂，产生很多不必要的歧义和混乱。因此，本研究对苏州地区传统建筑的屋脊进行分类梳理，并逐类正名。

根据屋脊所处位置的不同，结合考虑其动态与作用，本研究把苏州常见的传统建筑屋脊分别定名为正脊、垂脊、斜脊、戗脊、搏脊、角脊等。屋脊的工艺形式、断面做法等另行作为做法分类，并附于相关屋脊分类之下。

1. 按位置分类

（1）正脊

正脊，指位于建筑脊桁之上的屋脊，沿着前后坡屋面相交线，一般位于建筑单体的最高处。也有称之为“大脊”或者“平脊”的，称之为“大脊”，大概是就其脊身最高、长度最长而言；而“平脊”则是就其动态而言；还有称之为“清水脊”，主要又是相对于施工工艺而言。无论“大脊”、“平脊”还是“清水脊”，三者均不能指出其准确位置，笔者确定其称为“正脊”，是因其所处位置位于正桁（脊桁）之上（图5-1）。

正脊最能反映建筑的等级，是苏州传统建筑屋面装饰最为丰富的一部分。

图5-1　正脊

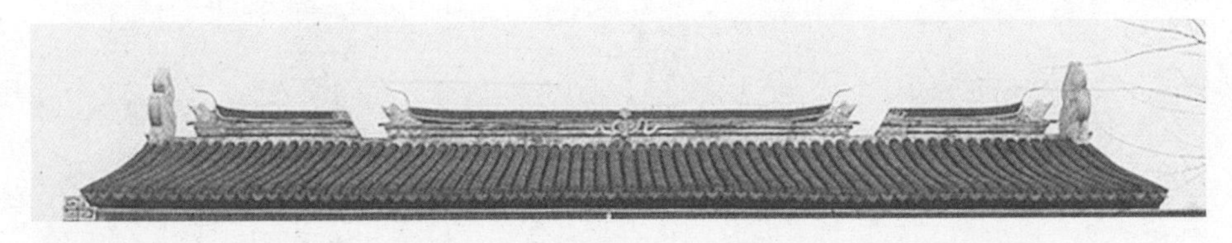

图5-2　插脊

明清有民宅“不过三间五架”的规定。受朝廷制度影响，现存苏州传统民居三间以上的建筑往往通过正脊分段的方式来规避逾制问题。图5-2中这三段屋脊，当中三间是正脊，两侧各一条短脊，其断面、脊头与正脊相同，而近正脊一侧以向外的斜面收头，其势如插入正脊一般，因此称为“插脊”。从位置上来看，它也是“正脊”的一部分，但不能单独使用，只能配合正脊出现。目前维修中，有正脊不做脊头而端部做成斜角，以斜面与插脊的斜角平行，断开10～15厘米；也有正脊脊头与插脊脊头不同，这些都不是传统做法。

（2）垂脊

垂脊，指在正脊端部（一般在山面外侧）、与正脊水平垂直相接、随屋面下延的屋脊（苏州地区俗称“竖带”，图5-3）。歇山、悬山、硬山建筑均可使用垂脊。

按《营造法原》载：“歇山式之龙吻脊及竖带之构造，同四合舍，惟竖带沿屋面直下，过老戗根”，竖带下端的位置，基本上过老檐檩（步桁）为止，与现存实物基本吻合；而“殿庭硬山，亦作竖带，其制同歇山”，从实际情况来看出入较大，实物垂脊下端基本在檐桁处。在一些对形制要求不严格的建筑中，垂脊可不用花篮座收头而直接连接戗脊。另外，屋脊用黄瓜环脊的建筑，垂脊在正脊处前后连通，此种做法，苏州俗称“环包脊”。

（3）斜脊

斜脊，专指用于庑殿式屋顶，始于正脊端部，与正脊成平面45°斜交相接，沿正侧两坡屋面交接处，下延至屋角的屋脊（图5-4）。

《营造法原》记载：“四合舍为四坡五脊，竖带即位于两坡汇合之处”。“四合舍”为苏州地区对“庑殿”的俗称，四条与正脊斜交的屋脊，与垂脊一样也被称之为“竖带”。清《工部营造则例》图版对垂脊的注释有两条：“庑殿屋顶正面与侧面相交处之脊”、“歇山前后两坡至正吻沿博风下垂之脊”。上述两书均将不同位置的这两种屋脊都定义为“垂脊”。准确而言，庑殿的斜脊与歇山的垂脊并非一物，应明确予以区分。若将斜脊亦称为“垂脊”，从动态角度，二者与正脊的交角方向相

图5-3　垂脊

图5-4　斜脊

图5-5　戗脊

差45°；同时，若将此脊称为“垂脊”，从结构角度，那么戗角部位的屋脊应为“戗脊”，如此一来，庑殿也成了九脊，一是与歇山建筑“九脊顶”之称谓重叠不清，二是与《营造法原》“四合舍为四坡五脊”之说自相矛盾。

故本书将此条与正脊斜交的屋脊定名为“斜脊”。斜脊用于庑殿顶、四坡顶。

（4）戗脊

戗脊，指歇山建筑中，与垂脊下端平面45°斜交相接、沿正侧两坡屋面交接处下延至屋角的屋脊（图5-5）。不同于斜脊上段与下段之间的平缓过渡，相对于垂脊，戗脊在水平和竖向上都有转折变化。

按《营造法原》载，“歇山屋顶之水戗成四十五度，结于竖带下端，花篮靠背之后”；“四合舍为四坡五脊，……竖带可分上下两部，……其下端至老戗根上，减低而为水戗”；此外，重檐建筑的下檐两屋面相交的屋脊，也称之为“水戗”。将以

图5-6　搏脊

上三物均称为“水戗”，大概是因其断面构造相同，所以都是从工艺做法角度而以“水戗”称之。笔者统一从屋脊所处位置作为定义主要依据，认为称之为“戗脊”更合适。

一些园林建筑中，戗脊与垂脊采用同样的断面直接连接，是一种比较灵活的做法，官式建筑不用。

（5）摶脊

摶脊，主要指与戗脊上端水平45°相交的平屋脊（图5-6），苏州俗称“赶宕脊”，也有称其为“博脊”的。笔者考虑此处屋脊防护山墙、摶击风雨的作用，认为称为“摶脊”更能体现其特点。摶脊使用位置主要有两处：

歇山屋顶的摶脊，仅出现在建筑山面，前后两垂脊之间。摶脊的中段常见“八字形”的内凹，隐于摶风板之后。摶脊脊身做法与垂脊相同。

重檐建筑下檐的摶脊，在下檐上端脱离建筑墙面砌筑，围绕建筑一圈环通。

（6）角脊

角脊，指重檐建筑的下檐正侧两面屋面相交处的屋脊（图5-7）。与戗脊不同的是，角脊专指重檐建筑下层的屋脊；而且不同于戗脊与老戗根相接，角脊结构直接插入角柱。

苏州地区一般以“水戗”称之，《营造法原》载：“重檐筑脊，……绕屋筑赶宕脊，……与下层水戗相连，成45度。”因重檐的建筑除顶层外只有屋角有脊，笔者以屋脊所在位置定义，称此脊为“角脊”。

图5-7　角脊

屋脊位置分类 表5-1

名称	位置	特点	图片
正脊	正桁之上	通常是一栋建筑最高处之横脊	
插脊	正桁之上，正脊两侧，苏州俗称“插脊”	常见于五间及以上建筑，位于正脊两侧，与正脊断开，断面做法、脊饰与正脊相同	
斜脊	庑殿顶、四坡顶的正面与侧面相交处	仅庑殿顶、四坡顶有斜脊，从正脊端部沿屋顶正侧两面相交线斜延至屋角（民居不得用庑殿顶）	
垂脊	屋顶两侧边	与正脊正交下延，歇山顶、悬山顶、硬山顶都可有	
戗脊	歇山建筑垂脊外屋角所用	亭阁建筑也多用戗脊	

续表

名称	位置	特点	图片
搏脊	歇山屋顶侧面的山花板与屋面相交处，重檐建筑下檐屋面之上端	苏州行业内称“赶宕脊”	
角脊	重檐建筑下檐两屋面交界处	直接接角柱	

2. 按断面分类

一般来说，按照断面高度分等级，建筑脊身越高等级也越高。高度相似的屋脊，因其断面形式不同，等级也有所不同。相同形式屋面的等级通过屋脊的断面不同进行区分，因此，通过研究屋脊断面的形状，对屋脊进行分类，可以为选择屋脊形式提供帮助。

苏州传统建筑屋脊的断面做法，基本上可以分为花筒脊、筑脊、黄瓜环脊和游脊等四大类。

（1）花筒脊

花筒脊因屋脊砌筑使用筒瓦与暗花，故而得名，有亮花筒（图5-8）和暗花筒（图5-9）两类。

亮花筒屋脊，脊身用筒瓦镂空搭砌，形成“金钱”、“定胜”等图案，既美观大方、寓意吉祥，又能有效降低屋脊承受的风压和屋面的荷载，缺点是稳定性不足。暗花筒屋脊，脊身用青砖实砌，粉刷完成后贴四叶暗花装饰，但考虑其对风的承受能力而高度受限。因此，官式主要建筑常常两者配合使用，两排亮花筒围绕字碑布置，以便于增大屋脊的高度。官式次要建筑对屋脊高度要求不大，常以亮花筒、暗花筒间隔使用，或者只用单排亮花筒脊身。

传统民居中档次高、体量大的厅、楼适用较高的屋脊，常用暗花筒脊身，其余建筑均不用花筒脊。

花筒脊的脊饰等级也最高。《营造法原》记载，屋脊两端“置龙吻或鱼龙吻，称为龙吻脊”。而龙吻脊依据建筑开间数不同，尺寸上又分为五套龙吻、七套龙吻、九套龙吻、十三套龙吻，以对应不同建筑体量。这些屋脊的高度调整主要通过两种手段，其一，调整瓦条的数量，五路瓦条、七路瓦条，最多至九路瓦条；其二，通过调整主要构件如滚筒、字碑等的尺寸来调整屋脊整体高度。

（2）筑脊

筑脊因脊身以小青瓦竖砌筑于脊座之上，故而得名（图5-10）。用瓦条压顶，侧面露白。普通民居多用筑脊。

筑脊的形式多样，尺寸也随之有各种变化。有的提高脊座的尺寸，在脊座端头设置“钩子头”；有的在脊座上增设滚筒；有的增加瓦条数，瓦条数从一路到三路不等。

体量大的厅堂建筑，往往通过在筑脊下增设滚筒，或者增加瓦条以达到一定的高度。常见的做法有滚筒三路瓦条，苏州俗称“滚筒三线”。等级略低一些的厅堂或者大门建筑减一路瓦条，作“滚筒二线”。次要一些的建筑则取消滚筒，只用二路瓦条。辅助建筑用一路瓦条。最简易的下房、围墙等则只用筑脊，不用瓦条。

图5-8　亮花筒屋脊

图5-9　暗花筒屋脊

（3）黄瓜环脊

其瓦外形类似黄瓜，故称黄瓜环脊（图5-11）。

许多园林建筑采用回顶做法，故不用屋脊，而采用黄瓜环瓦，一块底瓦覆之一块盖瓦，远观屋顶边缘线呈凹凸起伏状。

此脊在清代官式建筑中和北方地区称为“卷棚”。除私家园林建筑外，普通民居不用此脊。

（4）游脊

用小青瓦直接斜置铺设在脊座之上的屋脊称为游脊（图5-12）。

图5-10 筑脊

图5-11 黄瓜环脊

图5-12 游脊

游脊始于屋面边楞，以屋脊中线左右对称，仅在龙腰处略加粉饰。

游脊没有脊饰，大概是出于经济方面的原因，考虑节约建筑成本，因此只用于简易的民居或者围墙。

屋脊断面分类表　　表5-2

名称			用途/脊头	照片
花筒形式	构造特点	瓦条路数		
亮花筒（民居不用）	双排亮花筒	九路瓦条	殿堂建筑大殿正脊。可用龙吻脊头	
		七路瓦条	殿堂建筑大殿、大门正脊。可用鱼龙、哺龙脊头	
		五路瓦条	殿堂建筑大殿、大门正脊。可用鱼龙、哺龙脊头	

续表

名称			用途/脊头	照片
花筒形式	构造特点	瓦条路数		
亮花筒（民居不用）	单排亮花筒	五路瓦条	殿堂建筑大门正脊。 可用鱼龙、哺龙、哺鸡等脊头	
暗花筒	有筑脊	六路瓦条	厅堂建筑大厅正脊。 可用哺龙、开口哺鸡、哺鸡等脊头	
		四路瓦条	厅堂大厅正脊。 可用开口哺鸡、哺鸡脊头	
	无筑脊	五路瓦条	厅堂建筑大门、大厅用。 普通民居不用。 可用鱼龙脊头	

续表

名称			用途/脊头	照片
花筒形式	构造特点	瓦条路数		
无花筒		三路瓦条	厅堂建筑的辅助建筑。 可用哺鸡脊头	
筑脊	有滚筒	三路瓦条	厅堂建筑的辅助建筑。可用哺龙、哺鸡等脊头，民居不用哺龙	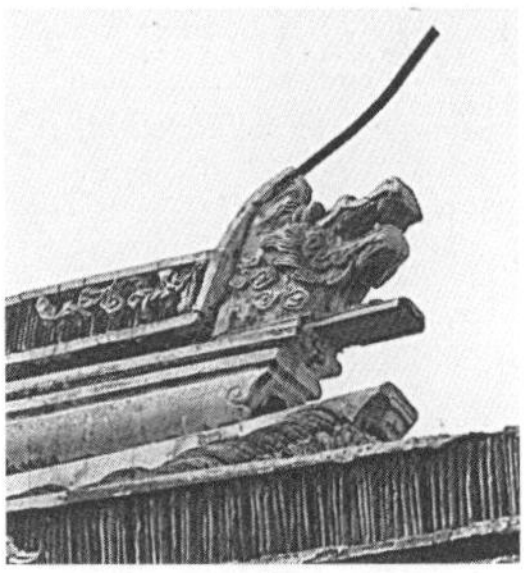
		二路瓦条	高等级民居的辅助建筑。 可用哺鸡脊头	
	无滚筒	二路瓦条	普通民居。 可用纹头、甘蔗等脊头	
		一路瓦条	普通民居。 可用甘蔗等脊头	

续表

名称			用途/脊头	照片
花筒形式	构造特点	瓦条路数		
黄瓜环脊			园林建筑，辅助建筑。不做脊头	
游脊			普通民居，简易建筑	

二、屋脊的组成

1. 正脊

正脊一般由脊座、脊身、两侧的屋脊头及中间的脊饰（苏州俗称“龙腰”）组成。两侧以屋脊头收头，中间为脊身，脊身中段常做脊饰。

正脊的脊身做法共有四大类：花筒脊、筑脊、黄瓜环脊和游脊。

花筒脊包括脊座、滚筒、瓦条、交子缝、三寸宕、亮花筒、暗花筒、字碑、盖筒、龙吻座、脊头、龙腰。

筑脊包括脊座、滚筒、瓦条、钩子头、盖头灰、脊头、龙腰。

黄瓜环脊包括黄瓜环底瓦、黄瓜环盖瓦。

游脊包括脊座和小青瓦。

2. 垂脊

垂脊一般由脊座、脊身、花篮座、座饰等组成。

垂脊的脊身做法随相应正脊并协调。

3. 斜脊

斜脊一般由脊座、脊身、花篮座、吞头、戗头和脊兽等组成。

斜脊的脊身做法随相应正脊并协调。

4. 戗脊

戗脊一般由脊座、脊身、花篮座、座饰、脊兽等组成，脊身做法随相应垂脊并协调。

殿堂的戗脊由上下两段组合而成，上段断面与垂脊相同，下段仅用戗座、滚筒、二路瓦条和盖筒。

5. 摶脊

摶脊由脊座、脊身、脊头等组成，一般不做其他装饰。

摶脊的脊身做法与相应垂脊或角脊相协调。

6. 角脊

角脊一般由脊座、脊身等组成，分为上下两段，上段接摶脊，下段同戗脊下段做法。

屋脊部件名词注释 表5-3

名称	俗称	说明	备注
脊座	攀脊	由数皮青砖平砌而成，位于正桁之上。屋脊用“穿脊过水”的建筑和黄瓜环瓦的建筑不用脊座	宽约160毫米，高约120～200毫米
脊头	屋脊头	常见的有动物类和植物类两大类，动物类如鱼龙、龙吻等，植物类如纹头、水果等类型，是正规屋脊必不可少的装饰，亦是苏州民居外观变化最为丰富的一部分	
龙腰	拢腰	屋脊中段的装饰构件，常见有人物、动物、植物为主题的泥塑，因位于中轴线上，是重要的装饰物	
亮花筒		由筒瓦对合或相背镂空砌成金钱、定胜等图案。用亮花筒既可以增大屋脊的尺度，使屋脊与建筑体量、等级相匹配，同时也可以减小屋脊承受的风压	宽5寸（138毫米）
暗花筒		由清水砖或实心砖砌筑而成，粉刷表面饰以四叶花或者其他纹饰，一般用于亮花筒之间，也有的屋脊脊身只用暗花筒	5寸至1尺4寸（138～385毫米）

续表

名称	俗称	说明	备注
滚筒		由两张筒瓦对合砌筑成弧形截面，外罩粉刷，常砌筑在脊座之上，用三寸或者五寸筒瓦	7寸（193毫米）
瓦条		由瓦片或者望砖平砌、外加粉刷的水平向线条	高1寸（27.5毫米）
交子缝		两路瓦条之间的缝	高、深均为1寸（27.5毫米）
三寸宕		上下两路瓦条之间的间隙	高3寸（82.5毫米）
字碑		上下两层亮花筒之间，方砖砌筑成，可以镶嵌方砖字碑，也可饰以各种纹饰	1尺4寸见方（385毫米×385毫米）
盖筒		屋脊顶部用一块筒瓦盖住瓦条，截面呈半圆形。盖筒对整条屋脊起保护的作用，常用五寸筒	5寸（138毫米）
钩子头		盖筒两端的收头	
盖头灰		筑脊顶部用望砖或瓦片压顶，用纸筋灰粉刷成水平线条，功能类似于盖筒	高1寸（27.5毫米）
戗兽	吞头	水戗戗根的龙头形装饰物，其张口吞住戗根，因此得名	
花篮靠背		垂带下端砌筑成花篮状，上部以一平一侧砖砌成椅子靠背状，用以承托天王、坐狮等装饰物	
戗脊兽		水戗尽端的装饰物，苏州多用勾头狮、走狮等，多以奇数个数用於等级较高的建筑，普通民居不用	
坐盘砖		支撑哺龙脊或哺鸡脊的挑出屋脊基座的砖，主要起支撑稳定屋脊头的作用	
嫩瓦头		脊座两端用小青瓦收头的做法	
帮脊木		为了加强脊桁，在脊桁上水平设置的一根方形木料	
吻桩木		使用哺龙或者哺鸡的，在屋脊头中间设置一根垂直的木料，下端与帮脊木相连接，称为“吻桩木”	
龙筋		为了提高花筒屋脊的整体性，在脊座或者滚筒内横置方形木料一根，称为“龙筋”	
旺脊木		为了加强龙筋与帮脊木的整体性，在两者之间分段垂直设置的方木料，称为“旺脊木”	

三、屋脊的材料与构造

1. 材料

苏州传统建筑屋脊脊身的制作材料按作用分为三类：承重材料、粘结材料和辅助材料。

承重材料，主要包括用来砌筑攀脊和暗花筒的七两砖、通脊砖，砌筑盖筒、滚筒和亮花筒的筒瓦，砌筑瓦条的望砖和小青瓦，用来制作字碑的方砖。

粘结材料主要包括用来制作屋脊头和龙腰的纸筋灰。

辅助材料包括制作哺鸡脊的铁件，屋脊完工后涂刷表面的黑水等。

2. 构造

现存的古建筑屋脊脊身材料按成分区分，有三大类：琉璃、砖瓦与泥塑。琉璃是烧制成品通脊，只在重要殿堂建筑使用，民居不用；砖瓦与泥塑结合的脊身在民居中普遍使用。

殿堂建筑屋脊较高，稳定性要求相应提高，需要承受自身的重量和风荷载。因此常常在脊桁背上增加帮脊木、旺脊木和龙筋以提高承载力，同时用铁件穿透整个屋脊，固定在帮脊木上，以提高抗风载的能力。

民居屋脊主要在脊桁上用青砖砌筑脊座，在脊座上砌筑滚筒，将两块筒瓦对合，内部填充碎砖瓦，然后再在滚筒上砌筑，外部用工具分出瓦条线，在瓦条上砌筑脊，顶部最后用灰浆盖顶，苏州俗称“盖头灰”。

由于屋脊部分多以纸筋灰为粘结材料，耐久性不强，因此在整个屋脊完工后，在外表涂刷掺有牛皮胶的黑水，以增强屋脊的耐久性。

按照材料成分的不同，屋脊头基本上也分为三类：琉璃、砖、泥塑。琉璃屋脊头是窑厂烧制的成品，原材料为陶土，民居不用。砖屋脊头按其加工流程不同，可分为两类，一类是窑货，原材料为黏土，用模具制成后由砖窑烧制而成，苏州地区最常见的有开口哺鸡脊，用于等级较高的民居的厅堂；另一种为砖细屋脊头，是将方砖切割打磨加工而成，常用于比较考究的民居屋脊。泥塑屋脊头是用铁丝搭出骨架，以纸筋灰进行堆塑，塑成各种饰物。

四、屋脊的纹饰特点及其使用

1. 屋脊头

屋脊头是苏州传统建筑中变化最为丰富的部分之一（图5-13），不同等级的建筑除了以屋脊高度来区分等级，往往还通过屋脊头的变化来区分。

归纳现存的苏州古建筑屋脊头的题材，可以分为两大类：动物类与植物类。以现存的屋脊头使用来看，动物类的一般用于等级较高的建筑，而植物类的次之。

动物类主要有龙吻脊、鱼龙脊、草龙脊、哺龙脊、凤头脊、哺鸡脊、刺毛脊等。其中，龙吻脊和鱼龙脊应是由“鸱尾”演变而来，主要用于官式建筑，民居建筑等级再高也不用。

草龙脊、哺龙脊多见于衙署、祠堂等建筑，民居中也不使用。

传统民居最常用哺鸡脊，刺毛脊多见于农村民居，凤头脊仅用于园林建筑，民居绝少见。

植物类的屋脊头主要有纹头脊、灵芝脊、水果脊、甘蔗脊等。此类屋脊主要用于普通的民居中，或者高等级民居群中的辅助建筑。

2. 龙腰

龙腰是指正脊中间的装饰物（图5-14）。

以现存实物来看，龙腰题材上可以分为四类：动物类、人物类、植物类和法器类，都是传统文化中表达吉祥如意的图案。

动物类的主要有龙、凤、麒麟、狮、鹿、仙鹤、蝙蝠等。其中龙主要用于官式建筑，如二龙戏珠等，一般民居不用。其他几种民居中都有出现。

人物类的主要有八仙、和合二仙、福禄寿三星、文王访贤等神仙或历史名人。

植物类的是寓意吉祥的各种花卉藤茎等，如万年青、荷花等。

法器类主要有暗八仙、八宝等。

3. 脊顶面

（1）盖筒

花筒脊的屋脊顶面，用五寸筒瓦盖顶，称为“盖筒”。

（2）盖头灰

筑脊的屋脊顶面，用纸筋灰盖顶，堆塑成水平线条，称为“盖头灰”。

4. 垂、斜、戗、角脊脊饰

（1）花篮靠背

根据现有脊饰，亦可以分为三类：人物、动物和植物。人物类主要有天王、广汉、文臣武将、历史名人等。

动物类的主要有麒麟、狮子等瑞兽。

植物类的主要有万年青、桃子、石榴等。

（2）戗兽

苏州俗称“吞头”，龙头形饰物，口含水戗之戗根，以其形得名。

（3）戗脊兽

苏州传统民居中戗脊兽多用狮子，且应用单数，多为1个或3个，有勾头狮、走狮和坐狮。

图5-13 屋脊头

图5-14　龙腰

脊头分类

表5-4

类型	名称	用途	图片
动物类	龙吻脊	殿堂建筑大殿正脊	
	鱼龙脊	殿堂建筑山门、配殿等次要建筑正脊	
	哺龙脊	厅堂建筑辅助建筑正脊	
	草龙脊	厅堂建筑	

续表

类型	名称	用途	图片
动物类	凤头脊	厅堂辅助建筑	
	哺鸡脊	厅堂辅助建筑	
	刺毛脊	普通民居，乡村多用	
植物类	纹头脊	厅堂辅助建筑，普通民居	

续表

类型	名称	用途	图片
植物类	灵芝脊	厅堂辅助建筑	
	水果脊	厅堂辅助建筑	
	甘蔗脊	围墙	

龙腰分类　表5-5

类型	名称	用途	图片
动物类	龙	用于殿堂建筑	

续表

类型	名称	用途	图片
动物类	凤	用于殿堂建筑	
	麒麟	厅堂建筑	
	狮子	厅堂建筑	
	鹿	厅堂建筑	

续表

类型	名称	用途	图片
动物类	仙鹤	厅堂建筑	
	鲤鱼	厅堂建筑	
人物类	八仙过海	厅堂建筑	
	和合二仙	厅堂建筑	

续表

类型	名称	用途	图片
人物类	福禄寿三星	厅堂建筑	
	刘海戏金蟾	厅堂建筑	
植物类	万年青	厅堂建筑	
法器类	暗八仙	厅堂建筑	

垂脊脊饰 表5-6

类型	名称	用途	图片
人物类	天王	殿堂建筑	
	文官	殿堂建筑	
动物类	麒麟	厅堂建筑	
	狮子	厅堂建筑	

续表

类型	名称	用途	图片
植物类	寿桃	厅堂建筑	

第二节 搏风

一、搏风的演变

搏风原为悬山建筑两侧屋面出际遮挡桁条端头的木板，起保护桁条及山墙不受雨淋的作用，同时也是一种装饰。明代以后，随着砖的普遍使用，土制山墙逐渐为砖墙所代替，悬山建筑也随之被硬山建筑取代，搏风也被作为一种装饰而直接附着在硬山墙上，恰恰成了明清苏州传统民居非常明显的外部特征之一。清代以后，随着屋面曲度减弱，搏风的造型也渐显臃肥，民国后逐渐消失。

二、搏风的构造

1. 基本形态

明代民居搏风，由墙身向外逐层出挑砌筑三皮墙砖约9厘米（图5-15～图5-18）。由于明代屋架基本传承了宋代举折的做法，因此明代砖质搏风形态上仍似宋代木质搏风的造型风貌，屋脊处较宽，向檐口处逐渐收小，形成圆润的弹性曲线，但取消了悬鱼（图5-19）。

因清代民居屋面举架较之明代举折的高度大、曲度小，屋面坡线趋于平直，故

图5-15　明代六界搏风

图5-16　明代八界搏风

图5-17　明代搏风端部

图5-18　明代搏风立面示意图

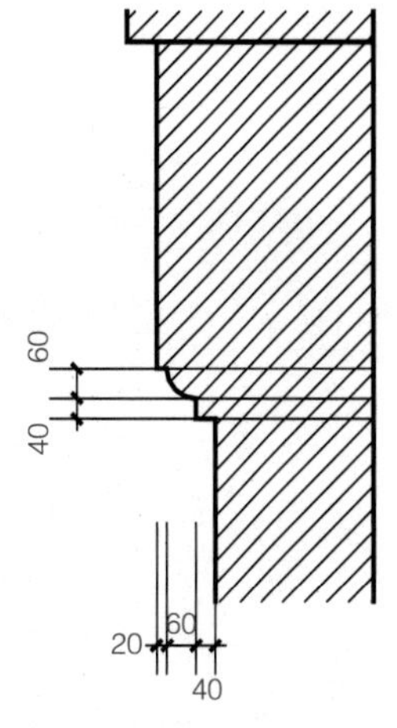

图5-19　明代搏风剖面示意图

图5-20　清代五界搏风

图5-21　明代搏风头

图5-22　明代搏风头

清代民居博风上部线条亦基本近乎平直，下部曲线也没有明显的收放，搏风整体形态较为呆板僵硬（图5-20）。

2. 关键节点

明代搏风在端头的处理效果轻巧活泼，早期的端部以简练的两道连续曲线收头，中晚期的端头装饰效果逐渐加强，常见以阴阳图形装饰，线条变化也更多（图5-21、图5-22）。

清代搏风端头部分逐渐繁琐，有用卷草纹的，也有以象鼻抽象图形装饰，与明式相比，更为通俗直白。

第三节 屋面

一、屋瓦的分类

苏州传统建筑屋面瓦有三种：琉璃瓦、筒瓦和小青瓦。

琉璃瓦屋面只用于重要的殿堂建筑。

筒瓦屋面主要用于衙署、祠堂等建筑。筒瓦屋面可分为清水与混水两种：清水屋面指筒瓦铺设完成后表面不再作处理，混水屋面指筒瓦铺设完成后表面用纸筋灰罩面。

民居只可使用小青瓦屋面。按使用方法的不同，小青瓦分为曲背向上的盖瓦和曲背向下的底瓦，屋面先铺设底瓦，其上覆盖瓦。

1．按照材料分

屋面瓦材料　表5–7

名称	使用对象
琉璃瓦	用于高规格的寺庙；按明清舆服制度规定，民居不得用琉璃瓦
筒瓦	用于普通寺庙、衙署、祠堂，民居不用
小青瓦	民居使用，其他各类建筑皆可使用

2．民居用瓦按照用途分类

屋面瓦用途　表5–8

名称	用途
底瓦	用作屋面的瓦沟
盖瓦	覆盖搭接两瓦沟之间，形成瓦楞
滴水瓦	瓦沟檐口收头
勾头瓦（花边）	瓦楞檐口收头

二、屋面构造

1．基层

基层指屋面构造的底层，将屋面的荷载传递给大木结构。通常在椽子上面铺设望砖或者木望板作为屋面的基层。

（1）望砖

常用规格为220×110×15毫米。常见的望砖处理有三种：①糙望，即不作处理的望砖直接铺设在木椽上。②刷望，俗称“浇批刷线”，将望砖统一刷灰水，边缘披上白线，铺设完成后较糙望更为整齐划一，是一种装饰方式。③细望，即苏州俗称的“做细望砖”，通过对望砖面层打磨加工，使望砖更为细腻、精致，是一种较为考究的装饰方式。

（2）望板

用厚度为20毫米左右的木板代替望砖的一种更为精致考究的装修方式，铺设完成后一般采用油漆来修饰面层。此种做法常见于寺庙建筑，民居中比较少见。

2．结合层

一般在基层上即可坐浆铺设屋面，考究的做法也有先在基层上用纸筋石灰满铺一层，厚度约为20毫米，俗称“灰背”，可以有效防止灰尘掉落。此外，也有在瓦楞下用稻草捆成条状铺设的做法，俗称“柴龙”，有保温隔热的功能。

3．面层

面层根据瓦的不同，分为琉璃瓦屋面、筒瓦屋面和小青瓦屋面。民居建筑除个别特例使用筒瓦外均采用小青瓦屋面。小青瓦铺设完成后，由于烧制效果差异，瓦片之间往往有一些色差，故常常用黑水涂刷表面，使其均匀整齐。

此外，苏州传统民居中还有简陋的做法，不用望砖、望板，直接在椽子上铺设小青瓦，俗称“冷摊瓦”，只用于柴房、牲畜棚等需要充分通风的建筑，正式建筑不用。

4．屋面工艺

屋面铺设的质量会影响到防雨效果，因此有严格的施工工艺。屋面的铺设，遵循“由两边向中间，由上向下”的原则进行，以便于瓦片覆盖准确、沟楞造型美观，并有利于在施工过程中保护成品。主要顺序如下：

（1）铺设望砖；

（2）确定中线，划分瓦档；

（3）制作边楞，安装滴水瓦；

（4）砌筑屋脊；

（5）铺设底瓦、盖瓦。

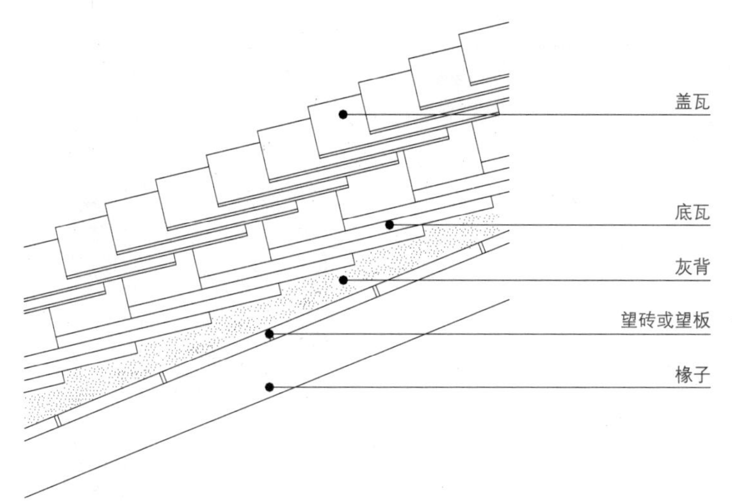

图5-23　常规屋面构造图

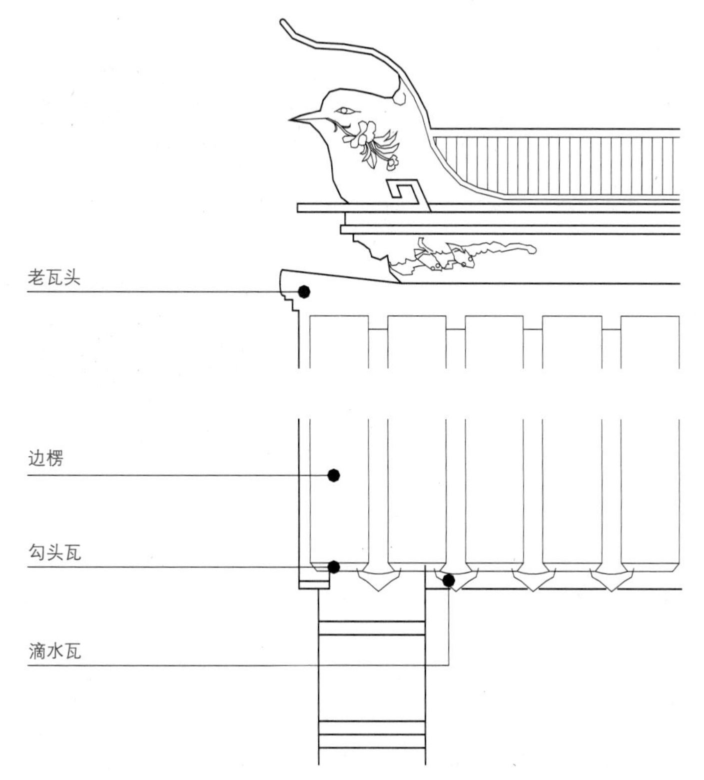

图5-24　屋面示意图

第四节 墙体

一、墙体分类

墙体分类表　　表5-9

墙体名称		位置	功能	图片
山墙	硬山墙	房屋两侧的外墙体	空间围合	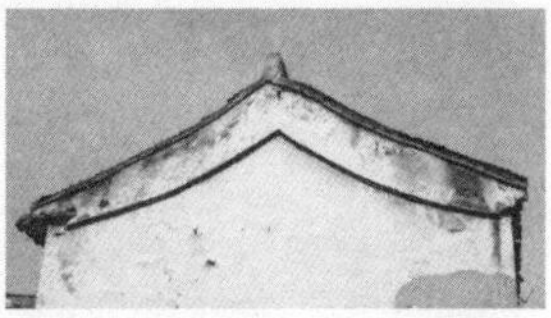
	马头墙	两侧山墙高出屋面，并顺屋面斜度砌成阶梯状	防火，丰富造型	
檐墙	出檐墙	位于廊柱出檐处，高至枋底	围合墙	
	包檐墙	由檐墙的墙顶封护椽头	围合墙	
隔墙	纵隔墙	位于贴式屋架下，沿进深方向	分隔空间	
	横隔墙	位于桁下或枋下，沿开间方向	将房间分隔成前、后两个部分	

续表

墙体名称		位置	功能	图片
半墙	半墙	窗下的矮墙	围护或分隔	
	坐槛半墙	位于廊柱之间，上置坐槛供人休憩		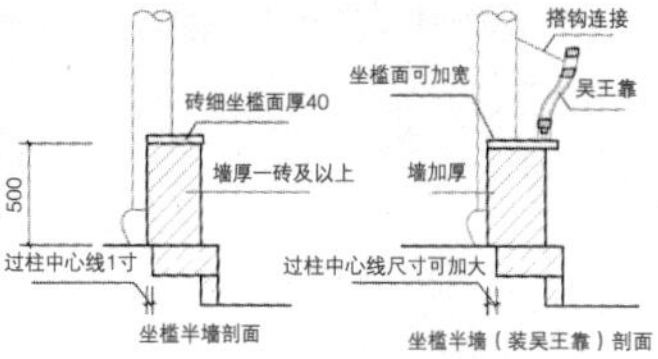 搭钩连接 坐槛面可加宽 吴王靠 砖细坐槛面厚40 墙厚一砖及以上 墙加厚 500 过柱中心线1寸 过柱中心线尺寸可加大 坐槛半墙剖面 坐槛半墙（装吴王靠）剖面 坐槛半墙剖面
	月兔墙	处于将军门下槛以下的半墙		 高垫板 字额 额枋 垫板 束腰 门蚀 月兔墙 高门限 金刚腿 砷石 将军门
院墙	塞口墙	蟹眼天井周边的墙体	分隔、围护	
	围墙	分隔院落的墙体		
	界墙	与邻家区分界限的墙体	分隔产权空间	

二、墙体的材料工艺

1. 墙体的材料

墙体按照其材料，可分为砖、石、木、竹和土等。

2. 砌砖的方式

一般砖长边称为长头，短边称为丁头。

用于砌筑的砖，通常为城砖和二斤砖，墙体厚度通常为一尺至一尺四寸（约275～385毫米），仅小合欢厚半砖墙约为四寸左右（约110毫米）。砖质墙体按照其砌筑方法，大致可分为三类：实滚、花滚和空斗（或者称为斗子）。

三、院墙的开口

因户内通行和通风需要，多在户内院墙上开设洞门与漏窗，它们也成为庭院中的一道风景。通过它们透视景物，又可以使得庭院景观层次更为丰富。选择适当位置交错布置院墙、洞门与漏窗，在阳光和月光下还产生多种多样的光影变幻效果。

1. 洞门

为了分隔不同的空间，满足建筑进落的交通需要，在墙体上开门洞，不设门扇，即为洞门。因多做成弧形，通常称之为“月洞”。

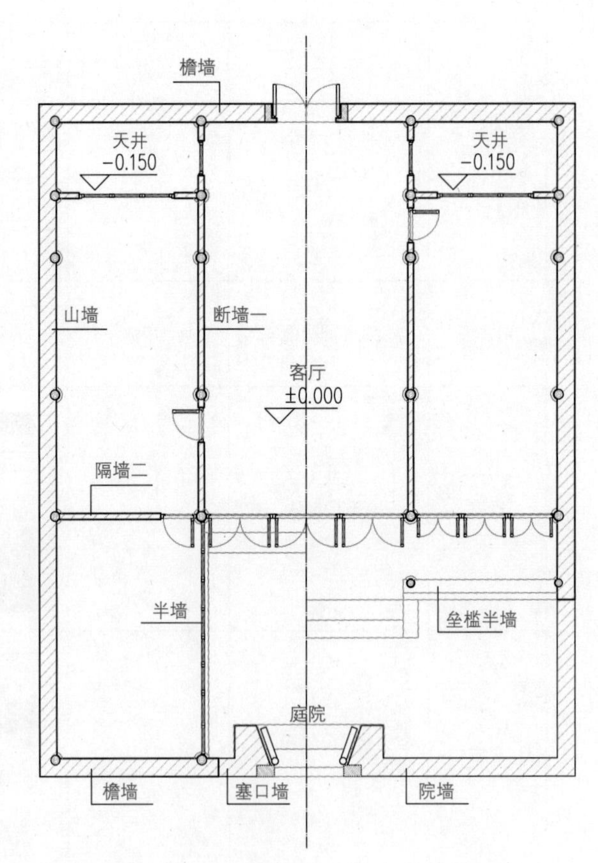

图5-25　墙体位置示意图

墙体砌筑方式一览表 表5-10

	砌筑方法	适用部位	图例
实滚	以砖扁砌，或者以砖的丁头侧砌	房屋的主要承重部位，如勒脚和楼房下层的承重墙体	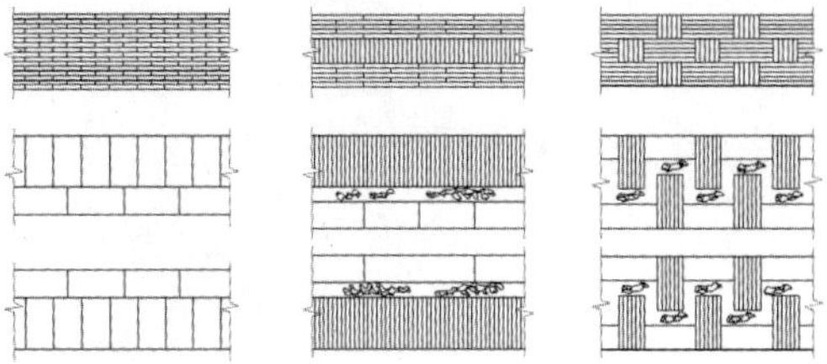
花滚	实滚和空斗相间砌筑或者实扁杂砌	勒脚以上部位的承重墙体	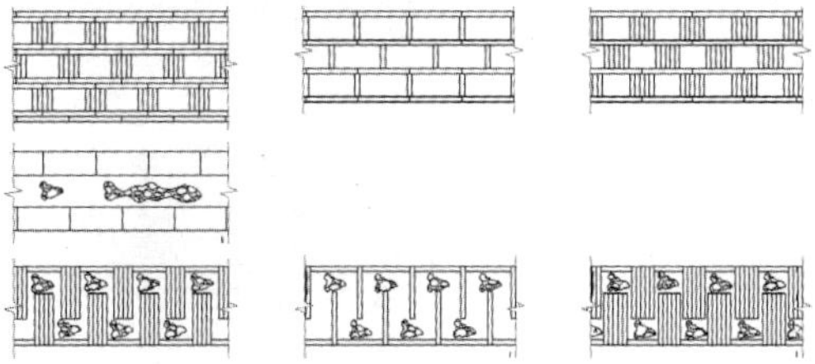
空斗	平砌之砖称卧砖，侧砌之砖称斗砖，砌成中空斗形，即空斗墙	不需承重的墙体，如分隔墙等	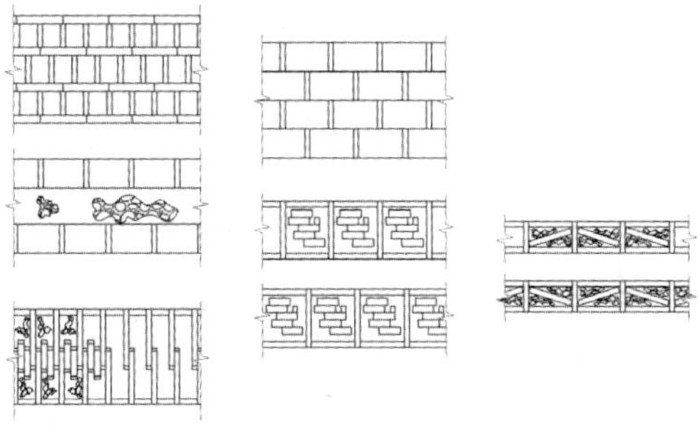

洞门的样式繁多，有方、圆、六角、八角、横长、直长、扇形、菱花、海棠、如意、葫芦等，随心所欲。洞门的高度和宽度需根据与整个墙面的比例关系以及人的视点来确定，但都得保证行走方便。其做法是以水磨方砖镶嵌在窗档内侧，砖边起线作为装饰。

常用洞门形式　　表5-11

洞口形状	图例	适用范围
圆形		宅间院落、宅后或宅侧花园分隔墙之间
直长形		宅间院落、宅后或宅侧花园分隔墙之间
		边路与中路、避弄与边路或者中路之间的通道

2. 漏窗

漏窗是在墙上开设通透的窗洞，只有窗框、不设窗扇，而以花格代替窗扇，因此也称为花窗。漏窗形式多样，有方、圆、六角、八角、直长、横长、扇形和多种不规则形状，但以方、横长最为常见。漏窗通常不用清水砖细，边缘比较简单，一般就是两道线脚，中间用砖、瓦、木条以及铁骨纸筋堆塑做出各种花纹。花纹式样众多，可分为三类：几何图纹、自然物体和组合形式。千姿百态的花窗形成不同形式的景框，沟通不同层次的景观，使得景域更为深远、美不胜收，诠释了苏州先民优雅的生活意趣。

常用漏窗形式　表5-12

窗口形状	窗芯纹饰
方形	     
圆形	  
六角形	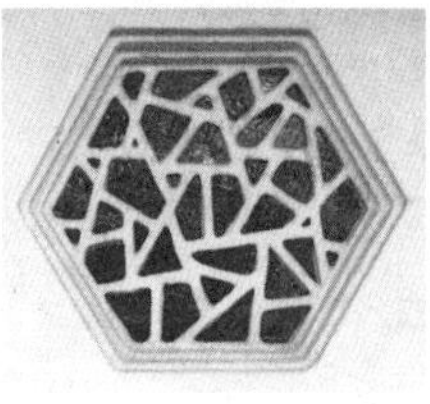

四、墙头

常用墙头分类　　表5-13

<table>
<tr><th colspan="3">名称</th><th>特点</th><th>图片</th><th>适用部位</th></tr>
<tr><td rowspan="4">山墙头</td><td colspan="2">马头墙</td><td>房屋两侧山墙高出屋面，并顺着屋面斜度砌成阶梯状的墙体</td><td>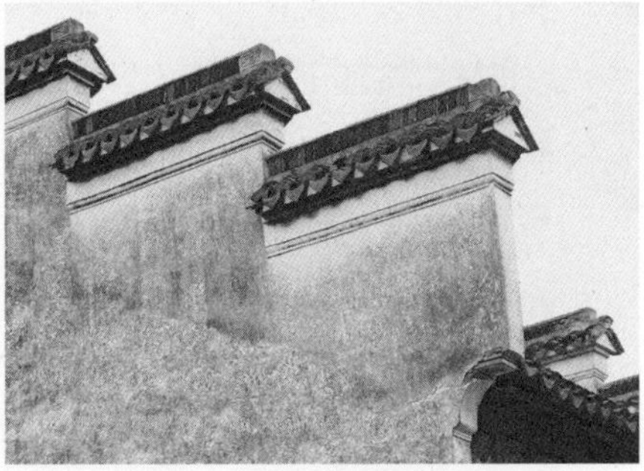</td><td>建筑东西山墙</td></tr>
<tr><td rowspan="3">观音兜</td><td>全观音兜（一）</td><td>山墙自廊桁处起，做曲线拔高至屋顶</td><td>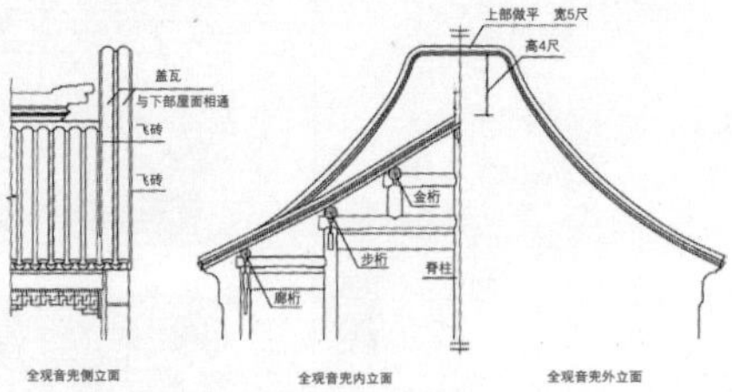

全观音兜做法之一（立面图）</td><td>建筑东西山墙</td></tr>
<tr><td>全观音兜（二）</td><td>山墙自檐口以上再砌垛头，从垛头处起，做曲线拔高至屋顶</td><td>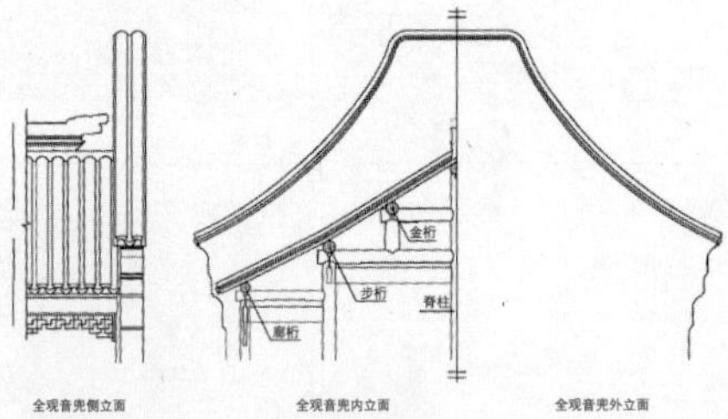

全观音兜做法之二（立面图）</td><td>建筑东西山墙</td></tr>
<tr><td>半观音兜</td><td>山墙由檐柱顺着屋面提栈的坡度砌墙到金桁，自金桁处起，做曲线拔高至屋顶</td><td>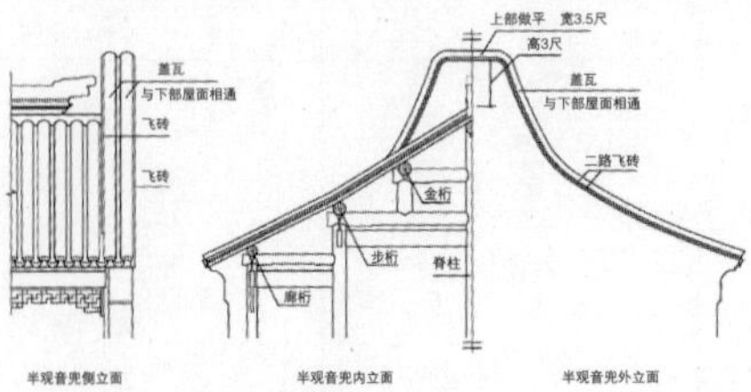

半观音兜做法之一（立面图）</td><td>建筑东西山墙部位</td></tr>
</table>

续表

名称		特点	图片	适用部位
院墙顶	瓦顶墙帽	院墙顶部收头	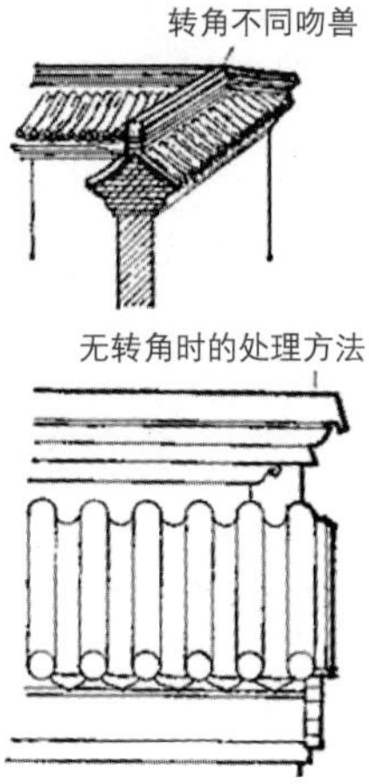 转角不同吻兽 无转角时的处理方法	院墙、围墙
	砖檐墙帽	院墙顶部	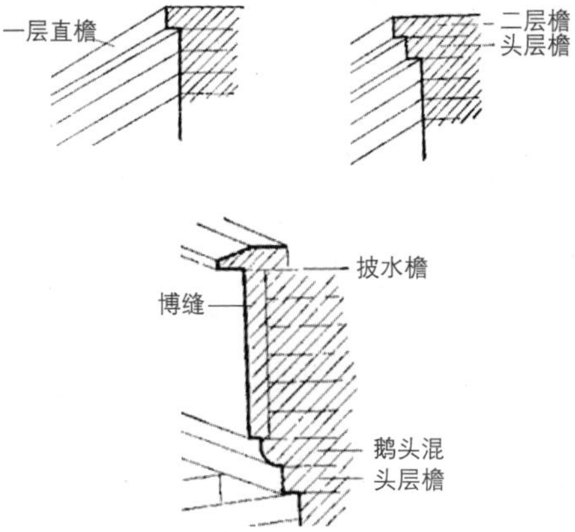 一层直檐 二层檐 头层檐 披水檐 博缝 鹅头混 头层檐	院墙、围墙

第五节 基础工程

房屋的基础工程分为地下和地上两个部分。地下部分包括开挖基坑、基础加固、基础砌筑等；地上部分即“台基”，俗称“台明”，包括安装土衬石、侧塘石、锁口石和副阶沿、菱角石等，以及铺设地面方砖等工作内容。

1. 地下部分

基础开挖前，需对场地进行考察，重要的一项工作是“称土”，即将承载建筑的地块的土取一寸见方的土块进行称重，以确定是否符合要求；如不符合则需采取加固措施。

基础的加固常用木钉或者石丁锤击入基槽，类似于现在的基础压密注浆将自然土层挤密实的办法。基础平整后还需要夯入碎砖碎石和生石灰，可使基层迅速干燥。

2. 台基（台明）

台基是建筑基础的地上部分，用来承托建筑主体结构，一般由平台和台阶组成。平台侧面由侧塘石包裹，顶部用锁口石压顶。因苏州地区山石资源特点，明代多用青石，而清代多用金山石（花岗石的一种）。锁口石之间平面上铺设方砖和础石。

常见的台基形制一般有须弥座式和普通台基两种。须弥座式源自佛像下面的台座，普通民居不使用这种台基。绝大部分民居的台基仅有一个方形的平台，偶有考究的在平台边角做出柱形。

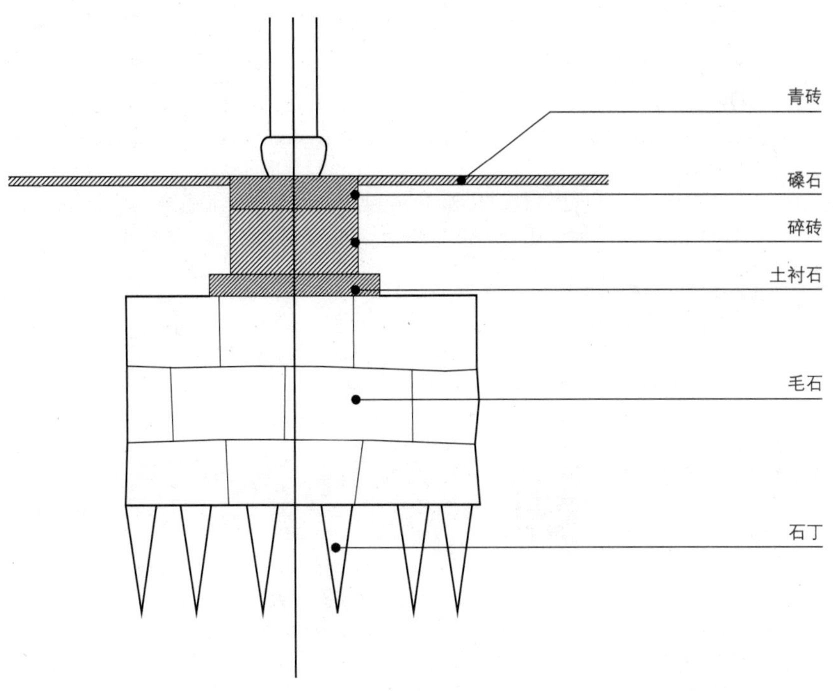

图5-26 基础示意图

台基构件 表5-14

名称	功能	材料	图片
锁口石	固定基座	青石、花岗石	

续表

名称	功能	材料	图片
台阶	供行人上下	青石、花岗石	
垂带石	限定踏步	青石、花岗石	
侧塘石	保护基座	青石、花岗石	
室内铺地	隔绝潮气	方砖	

第六节 室内（含廊、避弄）铺地

一、铺地材料

室内铺地材料一般采用灰土与夯土、地砖与金砖。

1. 灰土与夯土铺地

用石灰、砂子和卵石混合夯实而成的地面，一般用于辅助建筑或不重要的房间。

2. 地砖与金砖铺地

用长方形普通条砖铺砌而成的为青砖地面，用专门烧制的大方砖铺砌而成的为方砖地面，用澄浆泥烧制、加工精细、强度高而耐磨的金砖铺砌而成的为金砖地面。金砖地面一般用于等级较高的建筑，如客厅和内厅。

二、尺寸与分格形式

1. 尺寸

方砖地坪是苏式建筑中最常用的室内铺地形式，由于方砖尺寸繁多，因此在铺设前应该首先弄清楚建筑的大小，以选择规格适合的方砖，使与空间尺度相谐。

2. 常用分格形式

常见室内铺地形式　　表5-15

编号	室内铺地形式	图例	适用范围
1	人字纹		门厅、内院

续表

编号	室内铺地形式	图例	适用范围
2	拐子线	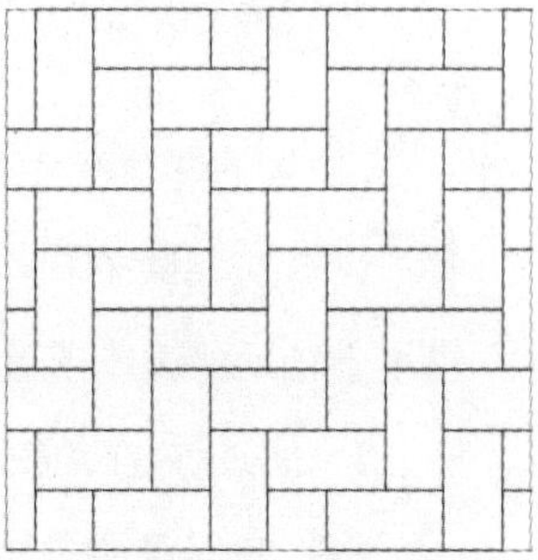	门厅、内院
3	直柳叶地	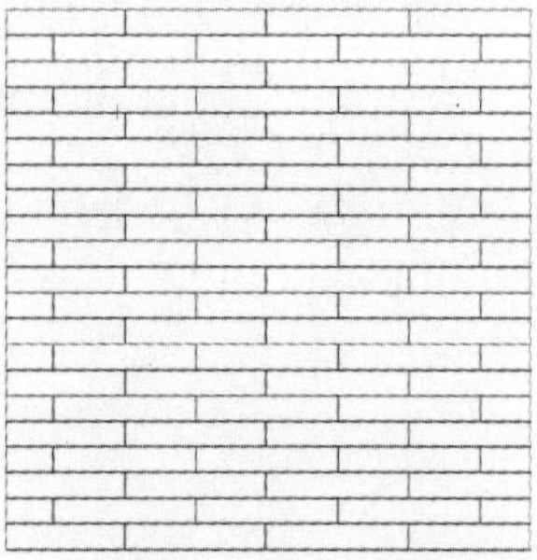	内院、避弄
4	斜柳叶地	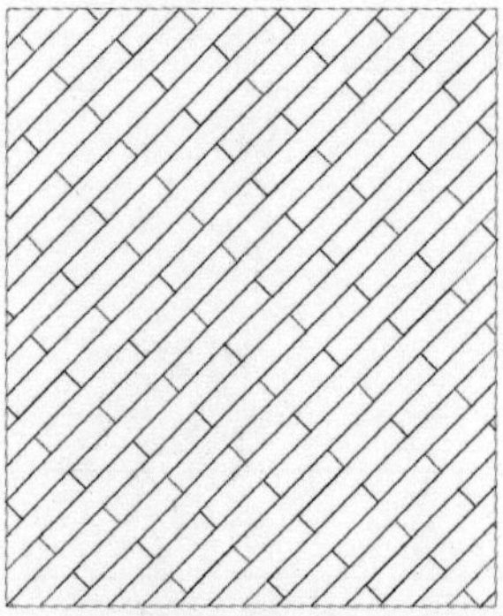	内院、避弄
5	对缝方砖	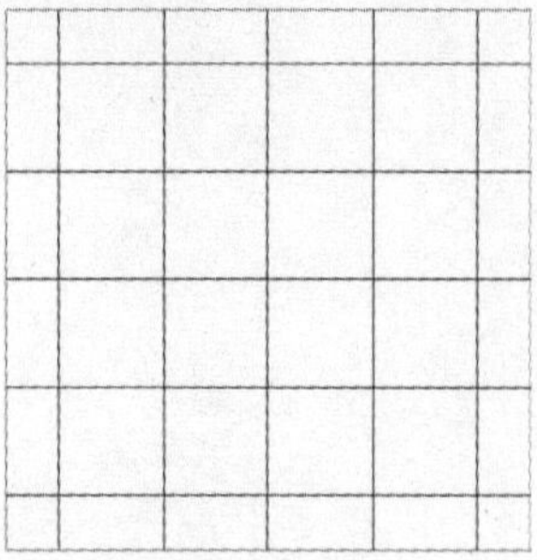	门厅、轿厅、客厅、内厅

续表

编号	室内铺地形式	图例	适用范围
6	十字缝方砖		轿厅、内厅、卧厅
7	斜缝（与建筑轴线45度相交）方砖		轿厅、客厅、内厅、卧厅

三、防潮做法等

墙下防潮构造，是在离开地面的墙根用砖砌筑约2～10皮，或者采用卵石、块石、三合土等作为墙裙。

图5-27 防潮做法示意[1]

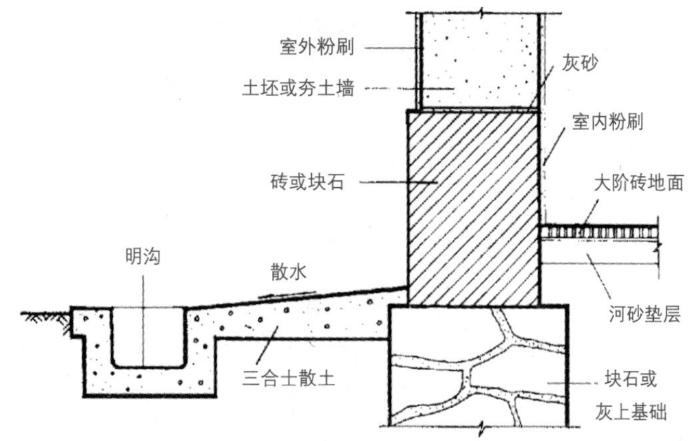

1 明清时期，南方地区民间建筑中墙体防潮常见方法（详见：中国古代建筑技术史. 北京：科学出版社，2000.）

第七节 室外铺地与小品

一、院落铺地材料

室外铺地材料一般采用条石、碎石、花街和弹石铺地。

常见室外铺地形式　　　　表5-16

室外铺地形式	图例	适用范围
条石铺地		住宅的露台和天井
毛石铺地		非正规院落
花街铺地		少量高档住宅

注：人字纹、拐子线、柳叶纹见表5-15。

二、花池（台）等

花池根据其砌筑材料分，一般有砖花池、石花池等两种。

常见花池形式　　表5-17

花池材料		图例	适用范围
砖花池			宅间院落内
石花池	条石花池		宅间院落内
	湖石花池		宅后或宅侧的花园内

第六章

砖木石雕

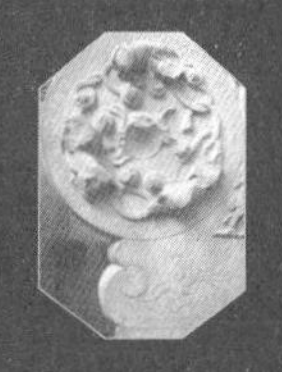

第一节 苏州传统民居雕刻的工艺与题材

一、工艺类型

苏州传统民居雕刻以雕饰材料划分，可分为砖雕、木雕、石雕三大类。这三类雕刻的工艺细节差别很大，但工艺类型均不外乎线刻、浮雕（浅、高）、圆雕、透雕等几种，在此统一阐述。

1．线刻

线刻指在材料的表面用工具以线条形式刻画图形的工艺，通过线条给人图案美甚至立体感，可细分为阴线刻和阳线刻。线刻在苏州木雕、石雕中应用较多，许多部位和构件上都有实例（图6-1）。在石雕中还有一种平素工艺，没有雕刻饰纹，常用在踏步、柱础的基座以及抱鼓石侧面，有时也算作线刻的一种。线刻在苏州砖雕中又称为平雕。

2．浮雕

浮雕是雕刻与绘画结合的产物，表现三维空间，但只供一面或两面观看。浮雕在苏州砖雕、木雕、石雕上应用广泛，题材丰富，又可细分为浅浮雕（图6-2）和高浮雕（图6-3）。浅浮雕在材料表面表现形体时，线面结合，形态不很突出，造型高低也没有太大落差，所以纹样层次交叉少，在石雕中通常出现在抱鼓石、方形门枕石、外墙体的门堵和地栿上。高浮雕有很明显的高低起伏，纹样多层次，有非常强的空间感，常在砖浮雕凸起的表面以各种线条勾勒细部，使得形象更加生动逼真，石雕的高浮雕通常出现在抱鼓石的石鼓鼓面上。

3．圆雕

圆雕又称立体雕，在大木作中，蒲鞋头和莲花墩（荷叶墩）这样可从多角度观赏的构件常用圆雕形式（图6-4）。圆雕在砖雕中多用于门楼的垂莲柱和额枋之上表现戏文等，此外并不常见，在石雕中多用于民居入口的石狮。

4．透雕

透雕在高浮雕的基础上更为立体，更加追求细致，纹样以外的背景部分全部镂空，以虚衬实，物象更加富有立体感和通透感。透雕在苏州传统民居木雕中主要应用在山雾云、枫栱和罩上（图6-5），砖雕中见于门楼垂莲柱、斗栱等处，石雕类少见。

图6-1 东山明善堂月梁

图6-2 东山怀荫堂门楹

图6-3 东北街李宅门楼

图6-4　东山怀荫堂云头

图6-5　潘世恩故居罩

二、题材类型

苏州民居雕刻工艺主要秉承苏州建筑装饰风格和香山帮建筑装饰工艺的特色，构图不拘一格、轻松活泼，尽现清秀精致之美。从雕刻题材来看，几乎囊括了吴地常见的装饰题材，且多有寓意，吉祥纹案常见，不少题材象征主人的某种价值取向，如梅花傲然雪中、青竹苍劲有节等，许多雕刻表现戏文故事，内涵更为丰富。不同的寓意需求促成不同雕刻题材的出现，其类型大致可以归为物体、纹饰两类，并可细分为七种。

1. 物体类

（1）神物

神物指想象中的神仙或事物，如龙凤、仙人、卷云等。砖雕中的神物以仙人、神兽、云纹为主，其雕刻内容一般为神话故事，例如鲤鱼跃龙门、独占鳌头、麒麟送子、八仙过海、刘海戏金蟾等等（图6-6）。因为这类题材制作复杂、费用不菲，所代表的等级较高，所以在木雕中一般只出现在正厅。且因为封建等级的严格规定，石雕又多在外显部位，所以神物在苏州传统民居石雕中不多见。

图6-6 东山明善堂大厅

（2）人物

人物包含历史人物、戏文人物以及日常人物。雕刻内容多取材于民间戏曲故事、神话传说、寓言故事等，也有表现文人对科举进仕的寄托与愿望，例如砖雕人物便以读书人为主，在苏地比较多的人物雕刻内容是关于状元文化的，状元游街是其典型代表，另有渔樵耕读、四时读书乐等人物故事。由于苏州民居雕刻造型的高度概括，人物形象有时难以单独识别，需要和周围的配景或故事情节联系起来才能确认，因此更能品味场景背后的精神和寓意（图6–7）。

（3）动物

苏州砖雕之中关于动物的雕刻是比较多的，常见的有马、蜂、猴、蝙蝠、鹤、鹿、鱼等，并且都具有一定寓意，其中大多数取其谐音，例如“马、蜂、猴”谐音“马上封侯”、“蝠”谐音“福”、“鹿”谐音“禄”、“獾”谐音“欢”等等（图6–8）。木雕中动物类的传统吉祥纹案大多为喜鹊（喜上眉梢）、蝙蝠（福）、鱼（年年有余），同样借助谐音体现寓意。石雕中则常出现狮、龟、鹤、蝙蝠、麒麟等内容。

（4）植物

儒家文化和山水文化在古代苏州广受尊崇，与生活密切相关的花卉、树木、果实渐成风俗传统的重要符号。这些植物题材中有表示高洁的“四君子”梅、兰、竹、菊，“岁寒三友”松、竹、梅，有象征“多子多福”的葡萄、石榴，有寓意“神仙富贵”的水仙、牡丹等等。苏州砖雕、木雕之中关于植物的雕刻也很多，大都是吉祥或节操的象征，有单独出现也有和动物一起组成雕刻，例如“一路连科”就是由鹭和莲组成的。植物纹样也常用在传统建筑石雕装饰中作陪衬，常见组合有寿石、牡丹、桃花之“长命富贵”，葫芦、石榴、葡萄加上缠枝绕叶，表现“子孙万代”等（图6–9）。

（5）俗物

此处俗物之“俗”非是庸俗，而是通俗，包括日常生活中生命体之外的事物，比如四宝、家居房屋、小桥流水等。俗物可以单体出现，也可以是组合出现，含有一定寓意。例如常见的毛笔、金锭、方胜、云彩的组合纹样，谐音“必定胜天”。该图案反映了太湖地区的苏州先民在同风雨等自然力量相处与抗争中的豪迈自信精神，是苏州传统民居中的典型地方标识。有些俗物作为其他题材的配景勾勒出某种场景。石雕常见的题材有佛八宝、暗八仙、琴棋书画、生活器具等（图6–10）。

图6-7 潘世恩故居棹木

图6-8　东山晋锡堂

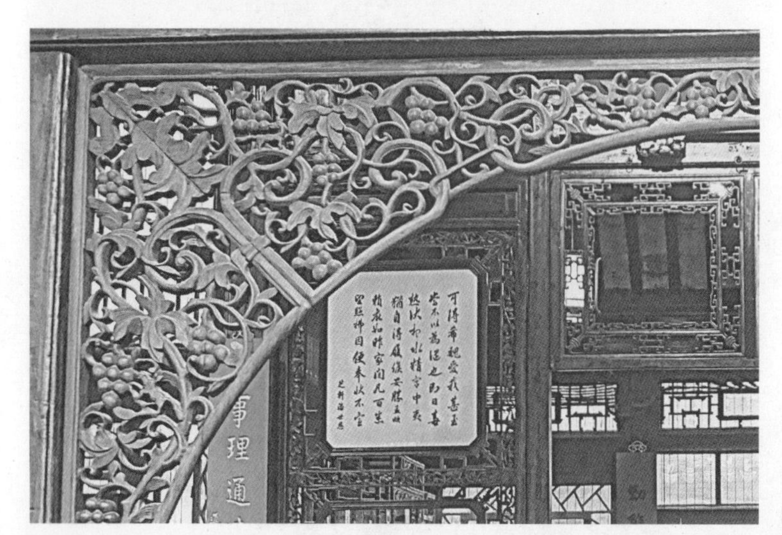

图6-9　潘世恩故居罩

图6-10　东山明善堂

图6-11 东山怀荫堂门楹

2. 纹饰类

（1）吉祥字形

吉祥字形大多为“福禄寿喜”的繁体、变体写法。中国古代讲究意会，直白采用的繁体文字一般会雕饰在一些不易见处，如门楣底面（图6-11），应用的数量也不会很多，一处宅子一两处足以。较常见的是文字变体，如“寿”、“喜”二字。另外还包括砖雕门额中的题字，表达主人的情感，文辞内容多为吉言警句，宣扬忠孝、功名，祈求福、禄、寿、喜，或成对出现，或连缀成句。

（2）几何纹样

几何纹样在苏州民居雕刻中也十分常见，如回纹、“卍”（万）字纹、如意纹、夔纹、汉纹、锦纹、席纹、钱币纹、菱形纹、流水纹、盘长（肠）纹、龟背纹、太极纹、祥云纹等样式的图形，其中大多数纹样实际上有着具体形态的起源，但已概括、简化为抽象的几何图案（图6-12）。木雕中方胜（菱形纹）较多，常独立使用，其他图案多用作建筑木雕中的图面补充，如廊桁垫板和罩，有时用整块木板雕成，会用几何纹样作边角构图。

图6-12　大石头巷吴宅

三、功能特征

由于明清苏州经济文化发达，略微讲究的宅邸都会出现建筑雕刻。古人认为“言不尽意，立象以尽之”，“图必有意，意必吉祥”。无论砖雕、木雕还是石雕，在苏州民居中的主要功能均为装饰，其精美的艺术效果为民居建筑增添了许多精美，也彰显着香山帮建筑的工艺特征。

苏州传统民居的雕刻，体现了人们的审美需求，不仅美化了建筑构件，丰富的雕刻题材还寄托了人们对美好生活的愿望。雕刻装饰一方面可以供家人和外来宾客欣赏，另一方面又可以显示出主人的品位与富贵，是财富与地位的一种象征。这些细致精美的砖、木、石雕直观地反映了建筑单体在建筑组群中的等级，同时也加强了苏州传统居住空间的层次感、艺术感和文化氛围。

第二节 砖雕

一、概述

随着砖的普遍应用，砖雕始兴于明代，清代发展尤盛。砖雕耐久度远超木雕，材料硬度又软于石料，便于制作、能耐雨雪，明代苏州还创生了制作专门用于雕刻的砖的工艺，所制之砖质地细腻似木，可锯、可刨、可凿、可磨，逐渐成为苏州传统民居中的一种主流装饰。砖雕多用于室外，视觉效果、影响要大于主要应用在建筑室内的木雕，因此也使其更受重视。苏州本地盛产水磨金砖，另有香山匠人那巧夺天工的雕刻工艺，使得砖雕成为苏州传统民居最优秀的特征之一。

砖雕俗称“硬花活”，以专为用于雕刻、专门工艺制作、质地上乘的青砖，经刨磨雕刻后用来装饰建筑，或直接建为建筑本体，苏地称之为“做细清水砖作”。苏州传统民居中的砖雕多用于门楼、影壁、墙面、垛头等部位。其中砖雕门楼一般用于住宅主轴线上，分隔围合客厅之后的院落，也有位于门厅院落或东西路部分院落的。影壁分为门内影壁和门外影壁，可为独立墙体，也可与其他墙体相连。墙面砖细主要用于出檐墙、塞口墙或者厅堂内部的墙面。垛头为山墙伸出廊柱外的部分，也可为墙门两边的砖磴。

二、门楼形制特征

1. 概念与形制

（1）门楼与墙门

砖雕门楼可分为门楼和墙门，两者的区别就在于楼与两旁墙体衔接方式的不同。屋顶高出墙体、耸然屹立的称为门楼；两旁墙身连通而高过其屋顶者，称为墙门[1]。就本体而言，两者的样式基本相同，可以分为两类：一为三飞砖样式（图6-13）；二为斗栱样式（图6-14）。二者结构大致相似，区别主要在于是否采用戏文、斗栱等砖细装饰，统称为砖雕门楼。

（2）基本形制

砖雕门楼平面构成大致可以分为两类：平洞式

1 姚承祖原著，张至刚增编，刘敦桢校阅．营造法原（第二版）．北京：中国建筑工业出版社，1986.

图6-13　东山明善堂

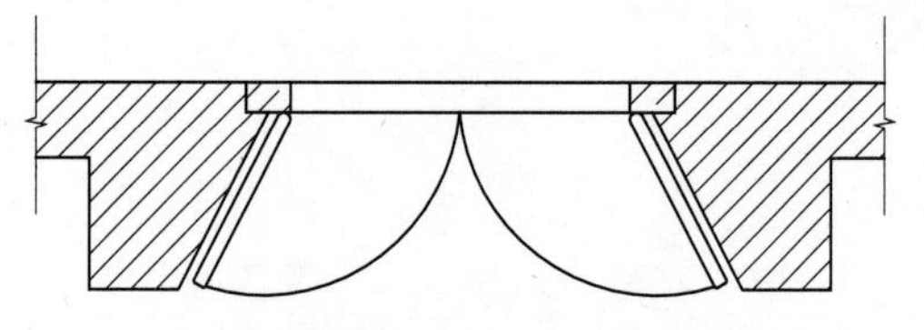

图6-15　八字墙平面示意

图6-14　评弹博物馆

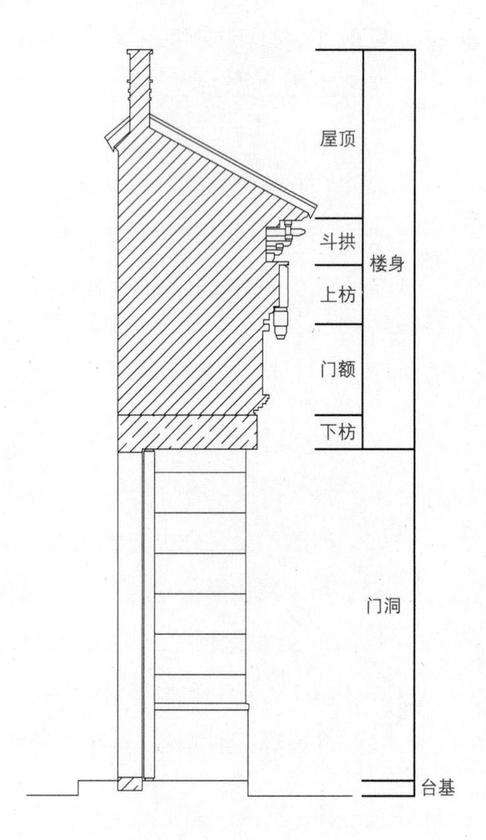

图6-16　门楼剖面示意

和八字墙式。平洞的形制与一般的门洞相同，八字墙是墙门洞内侧做八字形斜面“扇堂”，宽同门扇，门扇开启后隐靠于此。其中扇堂的斜度，以门宽4/10为适宜[1]（图6–15）。

砖雕门楼立面构成总体上可以分为三大部分：楼身、门洞、台基，其中楼身又可分为屋顶、斗栱、额枋三部分。现按形制由上往下依次阐述（图6–16）。

①屋顶

其常见形制可以分为硬山（图6–17）、悬山（图6–18）、歇山（图6–19）三种，偶见庑殿顶。屋顶的飞椽翘角都是仿照传统木结构用砖制作，另在筑脊部分常用成品窑货或手工灰塑成型。其中发戗式的多为歇山式样。

②斗栱

斗栱是中国传统建筑的重要构件，砖雕门楼的斗栱只作为一种装饰性的构件，仿造传统木结构斗栱的基本形式位于屋顶下定盘枋上方。斗栱以门楼中轴线对称布置，数量不等，明代一般有四至六组，清代趋多；其形制可以为一斗三升、一斗六升或者是桁间栱、丁字栱等（图6–20）。

③额枋

可以分为上枋、门额、下枋三个部分。上枋，样式与下枋相同，表面为清水砖，在枋底开槽，悬置挂落，枋的两端设荷花柱，柱的下端雕刻下垂荷花状，或作花篮样。门额，横向分为三部分，两端方形部分衬“兜肚”；中部称为“字碑”，用以题字，四周镶边。下枋，扇堂上部架石条，为减轻其承受上部屋盖的荷载，砌体内增加数条横木代作过梁，外包清水砖作枋形，称为下枋[2]（图6–21）。

④洞身

其形制组成为石门框、垛头和勒脚。石门框包含了门槛部分，用条石组成四周门框。槛有三种设置，一种是有上槛下槛，一种是只有下槛（图6–22），还有一种是上槛下槛都没有。

1 祝纪楠编著，徐善铿校阅.《营造法原》诠释. 北京：中国建筑工业出版社，2013.

2 祝纪楠编著，徐善铿校阅.《营造法原》诠释. 北京：中国建筑工业出版社，2013.

图6-17　卫道观前潘宅

图6-18　苏州评弹博物馆

图6-19　西北街吴宅

图6-20　苏式斗栱

鳳游

图6-21　大石头巷吴宅

图6-22　卫道观前潘宅

⑤台基

其形制可以分为平台式或者台阶式。一般为平台式，高出地面寸许；平洞式墙门多做成台阶式。

2. 典型雕刻特征

（1）屋面

按门楼形制分类 表6-1

	硬山实例	悬山实例	歇山实例	庑殿实例
墙门	 东山明善堂	 东山明善堂		
门楼	 卫道观前潘宅	 袁学澜故居	 卫道观前潘宅	

注：砖雕门楼中歇山、庑殿顶实例较少，本次调研范围未收集到实例。

按屋檐特征分类 表6-2

	出椽头实例一	出椽头实例二	封檐实例一	封檐实例二
墙门	 东山惠和堂	 玉涵堂	 东山惠和堂	 东山晋锡堂

续表

	出椽头实例一	出椽头实例二	封檐实例一	封檐实例二
门楼	 西北街吴宅	 东北街李宅	 卫道观前潘宅	 东花桥巷汪宅

（2）斗栱

斗栱雕刻案例　表6-3

	例一	例二
一斗三升斗栱	 东花桥巷汪宅	 袁学澜故居
一斗六升斗栱	 大石头巷吴宅	 山塘街374号
三蹊斗栱	 东山春在楼	 玉涵堂

续表

	例一	例二
五踩斗栱	 玉涵堂	 东山春在楼
七踩斗栱	 西北街吴宅	 卫道观前潘宅

（3）额枋

上枋雕刻案例

表6-4

	平雕	浅浮雕	高浮雕	透雕
例一	 东山明善堂	 卫道观前潘宅东路	 玉涵堂	 东山明善堂
例二	 东北街李宅	 吴一鹏故居	 东山明善堂	 袁学澜故居

续表

	平雕	浅浮雕	高浮雕	透雕
例三	 东北街李宅	 大石头巷吴宅	 东山明善堂	 东山春在楼
例四		 卫道观前潘宅	 东山春在楼	 吴一鹏故居
例五		 周庄张厅	 东山春在楼	 东花桥巷汪宅

门额雕刻案例　　表6-5

	平雕	浅浮雕	高浮雕	透雕
例一	 卫道观前潘宅门厅	 东山惠和堂	 东山惠和堂	 八仙过海 明善堂大厅

续表

	平雕	浅浮雕	高浮雕	透雕
例二	 钮家巷33号	 东北街李宅	 东北街李宅	 状元游街 东花桥巷汪宅
例三	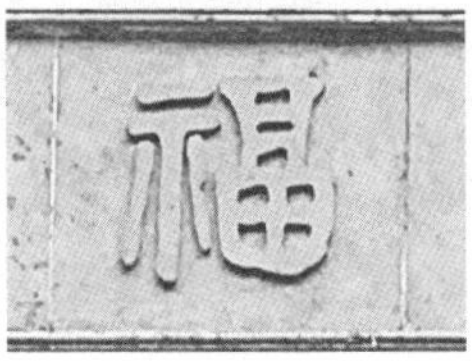 东山宝俭堂	 东山惠和堂	 吴一鹏故居	 东山晋锡堂
例四		 卫道观前潘宅东路	 丁氏义庄	 袁学澜故居
例五		 卫道观前潘宅	 东山春在楼	 吴一鹏故居

下枋雕刻案例

表6-6

	平雕	浅浮雕	高浮雕	透雕
例一	 东山明善堂	 周庄张厅	 东花桥巷汪宅	 东山明善堂
例二	 明善堂	 东北街李宅	 东山晋锡堂	 东山春在楼
例三	 东北街李宅	 卫道观前潘宅	 玉涵堂	 大石头巷吴宅
例四		 大石头巷吴宅	 明善堂	 周庄沈厅
例五		 钮家巷33号	 东山惠和堂	 玉涵堂

（4）勒脚

勒脚雕刻案例 表6–7

	浮雕实例1	浮雕实例2
例一	 明善堂	 凝德堂
例二	 凝德堂	 凝德堂
例三	 凝德堂	 凝德堂
例四	 西北街吴宅	 周庄沈厅

（5）门楼形制小结

在门楼形制构成特征中，包含稳定部分和可变部分。稳定部分使得苏州门楼造型十分相似，并且形成较为统一的比例，主要包括：整体结构变化不大，造型自明代以后就一直保持垂莲式门楼为主；额枋基本上由上枋、门额、下枋组成，门额中部题字，两边设兜肚；额枋之上常常排列斗栱，斗栱上承屋顶；斗栱以下部分保持方整外形，门楼两侧虽有垂莲柱，但纵向线条的造型不多，以横向造型占主导；戏文雕刻部分中神物、人物、动物以透雕为主（少数为浮雕），植物、俗物、几何纹样则以浮雕为主（少数为平雕）。

三、影壁形制特征

影壁通常是以砖砌成，由座、身、顶三部分组成。

壁顶形制模仿传统建筑的木结构屋顶形式，但是梁枋和斗栱只是装饰，不具有结构的作用。如苏州东山明善堂的影壁壁顶部分，其雕刻非常精美，装饰性作用十分突出。

壁身的中心区域称为影壁心，通常由45°斜放的方砖贴砌而

图6-23 东山惠和堂

图6-24　东山明善堂

成，简单一点的影壁可能没有什么装饰，但也必须磨砖对缝整齐，豪华的影壁通常在影壁的中心和四角饰有吉祥图样，这些雕饰可为成品窑货或以手工灰塑成型。（图6-23）

壁座是整个影壁的承重部位，一般用砖（偶有用石）砌出简单的层次，讲究一点的影壁会在壁座上雕刻花纹，高级影壁的壁座采用须弥座形式（图6-24）。

四、砖雕特征总结

明清时期，苏州砖雕蓬勃发展。从明代开始兴盛，清初的砖雕基本延续明代砖雕的形制，但纹饰繁复多变、题材多样，斗栱趋小而纯装饰性，到了清中期则达到了顶峰。对比实物可以发现，明代砖雕较清中期以后的明显简练，但景物空间层次不深，砖雕的装饰重点只在门楼上；而清中期的砖雕更加精细，装饰部位和戏文题材较多，人物故事是这一时期的主要纹饰题材。

苏州传统民居砖雕特征可以总结为：水磨金砖仿木艺，门楼影壁垛裙基。色质均匀密细缝，平浮透雕凿刨锯。砖雕门楼分三段，洞有平八台平阶；楼身再把三段分，清多戏文明纹饰。

第三节 木雕

一、概述

江南木雕工艺传承自宋元时期，明清两代得到蓬勃发展。随着明代以来手工业的繁荣、特别是香山帮的贡献，苏州地区独具特色的传统建筑艺术持续兴旺，建筑木雕也形成了自己的体系和风格。常用的木雕工艺有圆雕、透雕、高浮雕、浅浮雕、线刻等雕刻手法，雕刻用材主要是杉木，部分家具或罩也采用比较昂贵的银杏木或黄杨木雕制。杉木色白质轻，木质细软，不易受白蚁蛀蚀；银杏木有光泽、耐腐蚀，木质纹理细密；黄杨木质地坚韧、纹理细腻、色彩雅致。雕刻题材多有吉祥寓意，是人们内心审美向善意趣的外显。

苏州民居木雕特色明显。例如与浙东东阳木雕相比，后者色泽清淡，不施深色漆，保留原木天然纹理色泽，又被称为“白木雕”[1]。应用部位上，东阳民居檐下撑栱（俗称牛腿）的木雕十分典型，而苏州传统

图6-25　苏州东山晋锡堂大厅月梁

民居则不常用。即便是江南建筑典型构件月梁，两地也有区别：东阳木雕原则是明精暗简，多仅在月梁两端阴刻“龙须纹”或“鱼鳃纹”，相对雕饰繁复的牛腿等部位的圆雕雕饰，月梁雕饰明显简单。而苏州月梁体系中，梁身木雕虽然同样不算主流，但月梁两端构件的雕饰则非常精美。长期以来，苏州民居木雕已经在香山帮的主导下形成了稳定的地域特征，更以工艺上的精美见长。应用位置如下。

（1）大木部分

苏州传统民居常在梁架上施以雕饰，特别是扁作厅，由于其梁枋断面均为矩形，因此最易观赏的两个侧面成为重要的雕饰部位。月梁、山界梁及轩梁上常以浅浮雕雕出卷草、流云之类，山界梁上则有采用高浮雕或透雕方式的山雾云。除了上述梁枋外，木雕主要还应用在棹木、蒲鞋头、抱梁云、垫栱板位置。相对其他地区而言，苏州地区大木上的木雕更为细腻（图6-25），雕件尺寸与构件本身尺度协调大方，且各类构件雕饰的题材和技法、风格整体更为协调和谐。

（2）装折部分

苏州民居中木雕应用最广之处实在装折部分，包括门窗、栏杆、挂落、室内的各种罩等。其中门窗的夹堂板及裙板上的雕饰多为浮雕，且题材广泛，小部分采用了阴线刻出卷草等

1金柏松. 东阳木雕的地域文化之缘[J]. 浙江工艺美术. 2007（3）.

纹样的做法。室内装折中，罩的选料最为讲究，多为木质上佳的小木条拼斗出花格，再进行雕镂，讲究的宅院甚至会用大块的黄杨或银杏板材制作。

二、雕刻特征

1. 月梁

在明清官式木结构建筑中，多做平直的梁，即便有曲线，也仅施于两端，而南方传统做法则是梁身明显地向上拱起，形如月亮，故称之为月梁。江南天气炎热潮湿，厅堂基本上都施“彻上明造”而不做天花，这样便使月梁的形象显露于外，全部梁架构造一目了然。

苏州月梁满雕的情况较少，且多为清代住宅所有。雕刻题材采用戏文的情况极少，多数为植物纹案，用以抒发宅主情怀。总体上，苏州月梁雕刻风格清新淡雅，充满文人气息。

考虑到观赏的需要，月梁梁侧本应是主要的雕刻面。但因苏州月梁端头构件如枫栱等木雕的表现力已经很强，工匠往往会将梁侧简化抽象成线刻卷草纹，并在月梁上施以彩画，雕、画结合，获得整体和谐的效果，繁简适宜，重点突出。雕刻题材方面，月梁与周边构件对应成套，月梁自身雕刻以如意云纹为主（图6-26、图6-27）。

梁座是梁柱的过渡部分，距离人的视线较近。因此虽然其位置较低，但是在月梁各部分的雕刻中，优先级别最高（图6-28～图6-30）。一般简单线刻的梁座对应素平的梁侧，若梁侧有木雕，则梁座必有木雕且其精细程度等同甚至超过梁侧。梁腹中部一般饰以简单雕花，以衬托梁腹挂灯的功能要求（图6-31）。在月梁的木雕体系中，雕刻的优先层级是梁座第一，梁侧次之，梁腹再次之。

图6-26　玉涵堂浮雕侧梁

图6-27　东山陆巷惠和堂线刻侧梁

图6-28　东山晋锡堂圆雕梁座

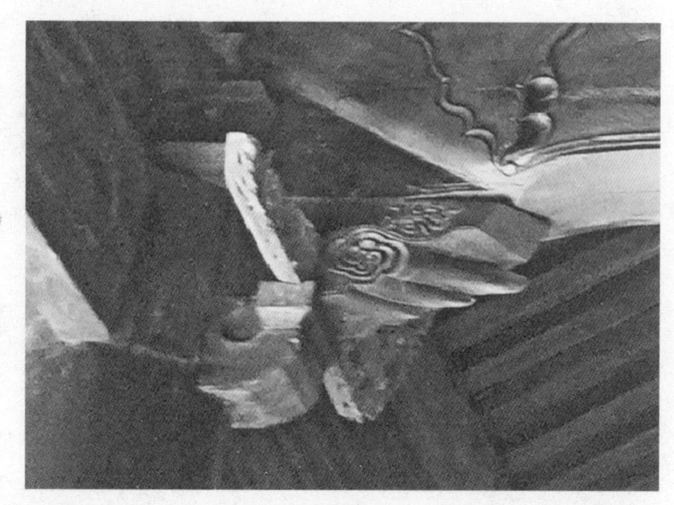
图6-29　东山明善堂浮雕梁座

图6-30　东山怀荫堂线刻梁座

图6-31　玉涵堂月梁梁腹浮雕与线刻相结合

2．山雾云

山雾云雕刻案例　　　　表6-8

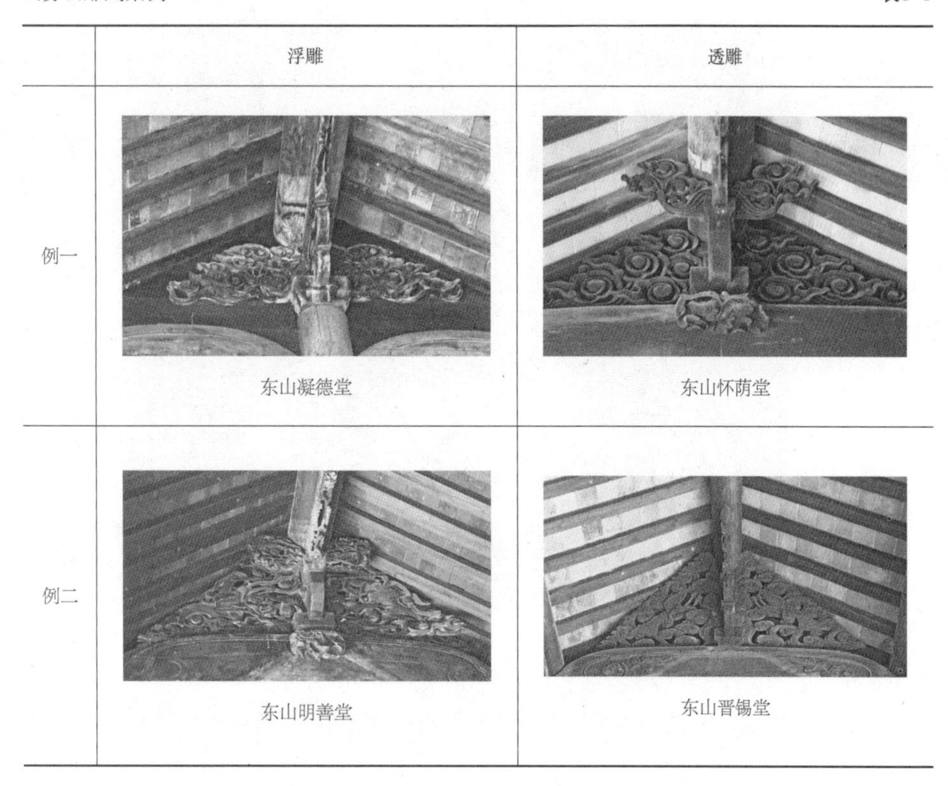

	浮雕	透雕
例一	东山凝德堂	东山怀荫堂
例二	东山明善堂	东山晋锡堂

山雾云中的动物常为仙鹤、鸾鸟等吉祥鸟类，周围或为祥云或为绶带，意为“仙芝鹤寿[1]”，或直接雕出龙形，傲游云中。例如，在明善堂和晋锡堂的大厅山雾云中，雕刻题材均为祥云绶鸟纹。绶鸟即吐绶鸟，“绶”谐音“寿”，含长寿之意。明善堂抱梁云中同时也雕出祥云，增添整个雕刻作品的立体感。

3．枫栱与棹木

《营造法源》中记载：“栱之中有名枫栱者，为南方牌科中特殊之栱，为长方形木板。”“竖架与丁字栱、或十字栱、或凤头昂上之升口，以待桁向板。”枫栱是斗栱系统中的一种构件，多有雕镂，不用于庄严建筑中。棹木与枫栱不同，是一种梁头构件，是固定在梁架上的雕花件，形似官帽。枫栱与棹木的雕刻题材和雕刻手法相差不多，其雕刻特征可以归于一类。

1 香山帮建筑工艺技术。

樟木雕刻案例 表6-9

<table>
<tr><td></td><td>浮雕、透雕结合</td></tr>
<tr><td>例一</td><td>
东山明善堂</td></tr>
<tr><td>例二</td><td>
宝俭堂</td></tr>
</table>

续表

<table>
<tr><td></td><td>浮雕、透雕结合</td></tr>
<tr><td>例三</td><td>
东山凝德堂</td></tr>
<tr><td>例四</td><td>
东山凝德堂</td></tr>
</table>

4．罩

罩雕刻案例　　表6-10

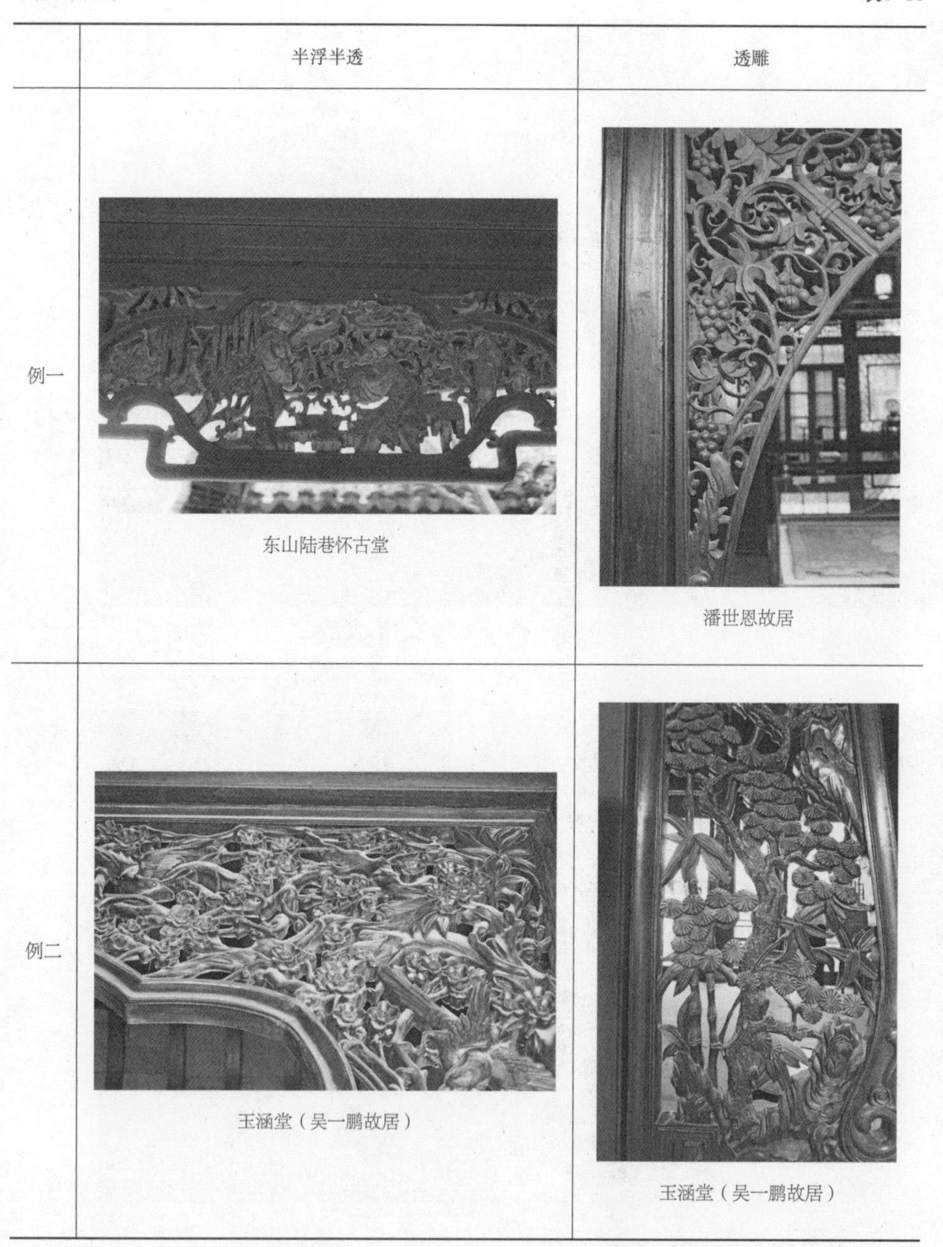

	半浮半透	透雕
例一	东山陆巷怀古堂	潘世恩故居
例二	玉涵堂（吴一鹏故居）	玉涵堂（吴一鹏故居）

通常罩用小木条拼接成形，然后施以雕花或直接上漆，有些则是以大块木料整体雕刻而成。

5. 门窗

夹堂板雕刻案例 表6-11

	浮雕	线刻
例一	 卫道观前潘宅	 东山陆巷惠和堂
例二	 东山陆巷怀古堂	 东山凝德堂
例三	 东山陆巷遂高堂	 玉涵堂

图6-32　玉涵堂浮雕裙板（左）
图6-33　玉涵堂线刻裙板（右）

6. 栏杆

图6-34　东山陆巷怀德堂浮雕栏杆

图6-35　东山凝德堂透雕栏杆

7. 其他

门楣雕刻案例

表6-12

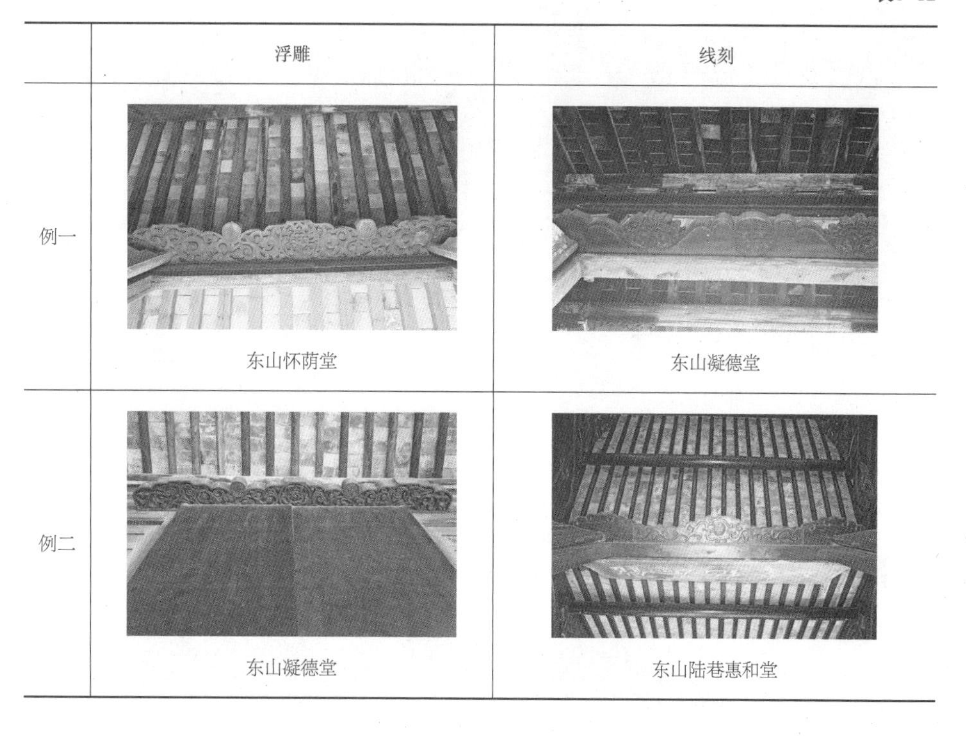

	浮雕	线刻
例一	东山怀荫堂	东山凝德堂
例二	东山凝德堂	东山陆巷惠和堂

荷叶墩是梁座、斗下的支撑构件，因雕成荷叶状而名（图6-36、图6-37）。在月梁的上下关系中，为了比例上的和谐，有时将荷叶墩雕在梁侧部位，与周边的雕饰构件相对应，从而达到协调的视觉效果。

图6-36　东山凝德堂荷叶墩

图6-37　东山明善堂荷叶墩

图6-38　东山明善堂圆雕连机

图6-39　大新桥巷庞宅浮雕连机

图6-40　东山怀荫堂透雕连机

三、木雕特征总结

苏州传统民居木雕特征可以总结为：黄杨银杏杉优木，圆浮透线各相宜。疏密有致不求满，关键部位做精细。不重戏文重图纹，神俗动人几何植。国画风格飘书香，优美精致溢雅气。

第四节 石雕

一、概述

石雕广泛应用于苏州传统民居诸多部位，如墙下地栿、台基、栏杆、石柱础，以及大门口的门枕石、石狮子等处；另外还用作一些特殊的石件，如院落中的排水口、庭院中的装点陈设如石凳、花坛等。苏州地区盛产石料，上好的青石、金山石等为石雕技艺的发展提供了良好的资源条件。在技法上，主要有雕、镂、磨、钻、削、切、接等。

二、雕刻特征

1. 门枕石

在苏州传统民居中门枕石主要有两大类：抱鼓石类和砷石类，通常位于宅门入口。抱鼓石一般比较高大，形制和纹样等级较高，砷石类次之。

（1）抱鼓石类

抱鼓石，又称为门鼓，是位于宅门入口、以石鼓为显著特征的石质构件。有门里和门外之分，门里部分对门轴起定位作用，门外则为重点装饰部分。就形体而言，其整体多分为石鼓、鼓架、鼓座三个部分，其中上部石鼓和中部鼓架基本都是由一整块石头雕成。

上部为饱满圆润的石鼓，形状有矩形和圆形之分，圆形的较为常见。圆形石鼓包括鼓面、鼓身。鼓面有凹凸，纹饰大致分为三种类型：一种是鼓面平素，鼓边大都为线刻的几何或植物纹样，整体造型类似鼓状，鼓钉清晰可见；另一种鼓面属浅浮雕类型，纹饰呈类似团花纹样的放射圆弧；第三种鼓面为高浮雕技法雕刻的动物或植物。

中部（鼓架）是承托部分，也就是石鼓与下部基座过渡的地方。鼓架“抱”鼓的位置和角度做法不同，一种在正下方承托石鼓，鼓架中心和石鼓中心在一条轴线上；另一种从鼓身侧后方抱住石鼓，抱鼓的角度多样，有的近于45°，有的近于60°，还有的呈90°。鼓架常有类似锦巾的包袱装饰，雕刻纹样有的延用上部石鼓题材，有的自成一体，并常刻以植物藤蔓、吉祥字形、几何纹样等图形。

鼓座是鼓架下面的基座，常用形式是繁简各异的须弥座，通常将其束腰部分收进，以强化立体感，偶尔也在底座的上下枋做些几何或植物纹样的装饰。

除抱鼓石本身构件之外，还有一种构件在抱鼓石的构造当中承担着很重要的角色，就是门槛。门槛有固定式和活动式之分，一般固定式以石头为主，活动式以木头为主。鼓座与门槛的连接方式有两种：其一，在里外通长的整块鼓座石料当中凿槽嵌设门槛，这是苏州传统民居中最通用的做法；其二，门槛与墙相连，将鼓座处石料分为内外独立的两个部分，门外的鼓座形制等级一般高于门内石墩。

石鼓（抱鼓石上部）雕刻案例 表6-13

	平素	线刻	浅浮雕	高浮雕
例一	 苏州东山怀德堂	 苏州东山惠和堂	 平江区潘世恩故居	 苏州东山宝俭堂
例二	 苏州山塘街137号			 苏州东山凝德堂
例三				 苏州东山怀德堂

包袱（中部承托）雕刻案例

表6-14

	平素	线刻	高浮雕
例一	 苏州东山惠和堂	 苏州山塘街157号	 苏州东山宝俭堂
例二	 平江区潘世恩故居		 苏州东山怀古堂
例三			 苏州木渎
例四			 苏州东山凝德堂

鼓座（下部基座）雕刻案例 表6-15

	平素	线刻	浅浮雕	高浮雕
例一	 潘世恩故居	 苏州东山惠和堂	 苏州东山怀古堂	 苏州东山宝俭堂
例二		 苏州东山凝德堂		

（2）砷石类

砷石一般呈方形，在苏州传统民居中主要有两种形式。一种是与墙面相连的门墩，承托门轴，同时又固定门槛，门槛将其分隔成内外两部分，外侧是装饰的重点；还有一种是独立于门槛设置。

大门处砷石基座形制分方形和须弥座形两种，须弥座通常在束腰和圭脚做雕饰，其中束腰纹样丰富，多为动物、植物、俗物、吉祥字形、几何纹样，圭脚上多为卷草和海浪纹。内院门、侧门一般用低矮的砷石，无基座，雕刻也较朴素，纹样以植物、瑞兽祥禽为主。

2. 柱础

（1）年代特征

明清时期苏州传统民居柱础形制多样，民居中现存的柱础大都为明代及以后的做法。明、清两代柱础的主流做法有明显的不同，主要体现在以下几个方面：首先在材质上，明代多采用青石或颜色偏白的石灰石，而由于石料资源产地的改变，清代以颜色偏黄的花岗岩（金山石）为主；其次，明代常在柱础上置柱櫍，清代一般没有此做法；第三，明式柱础矮而径大，状如柿饼，且在半高处直径最大；而清式柱础较高，多达明式础高的两倍以上，且在柱础约上1/3高处直径最大。还有一种式样，础高增大如清式，但起鼓位置仍沿用明式的当中鼓径最大的做法，似应为两种典型式样的过渡做法。

砷石雕刻案例　　表6-16

	线刻	浮雕
例一	东山明善堂	苏州东山怀荫堂
例二		苏州东山怀德堂

图6-41　明式扁鼓形

图6-42　过渡形

图6-43　清式圆鼓形

（2）形制

苏州传统民居柱础以单层居多。柱础的形状一般随着木构架的特点而定，主要有圆鼓形、扁鼓形、方形、八角形、抹角形、异形和组合形等，其中圆鼓形、扁鼓形最为常见。

苏州传统民居中柱础大多平素，雕刻纹饰偶尔有之，图案较为简朴，且以线刻的植物和几何纹样为主。柱础的位置不同，等级也不同，饰纹也有所差异。其中，雕刻最为精美的通常是客厅正间两侧步柱下的四个柱础。檐柱和嵌在墙上的倚柱柱础一般无雕饰。

柱础形制、纹样案例（层数、形状、雕刻） 表6–17

	平素	线刻	浅浮雕
扁鼓形	 苏州东山遂高堂		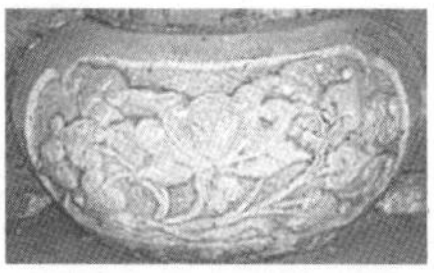 苏州西山敬修堂
圆鼓形	 苏州潘世恩故居	 苏州平江区艾步蟾故居	 袁学澜故居
抹角形	 苏州东山明善堂		

续表

		平素	线刻	浅浮雕
异形	宝瓶形	 苏州东山凝德堂		 苏州东山怀德堂
	坛形	 苏州东山春在楼		
	缶形	 苏州东山春在楼		
	香钵形	 苏州东山怀荫堂		

续表

	平素	线刻	浅浮雕
组合形	 苏州东山春在楼	 黎里柳亚子旧居	
木柱础	 苏州东山遂高堂		
	 苏州东山遂高堂		

（3）等级

柱础的等级应用主要表现在以下几个方面：首先，看础径大小，础径的大小跟柱径密切相关，柱径越粗，础径就越大、等级就越高；其次，看雕刻工艺和纹样，雕刻工艺越复杂、纹样越精美者等级越高；另外，看上下层次，单层柱础的等级不及多层的组合柱础；最后，看材质，正规建筑、重要部位只用石础，木柱础多用于客厅之后的卧厅和内厅，且建筑正间一般不会采用木柱础。

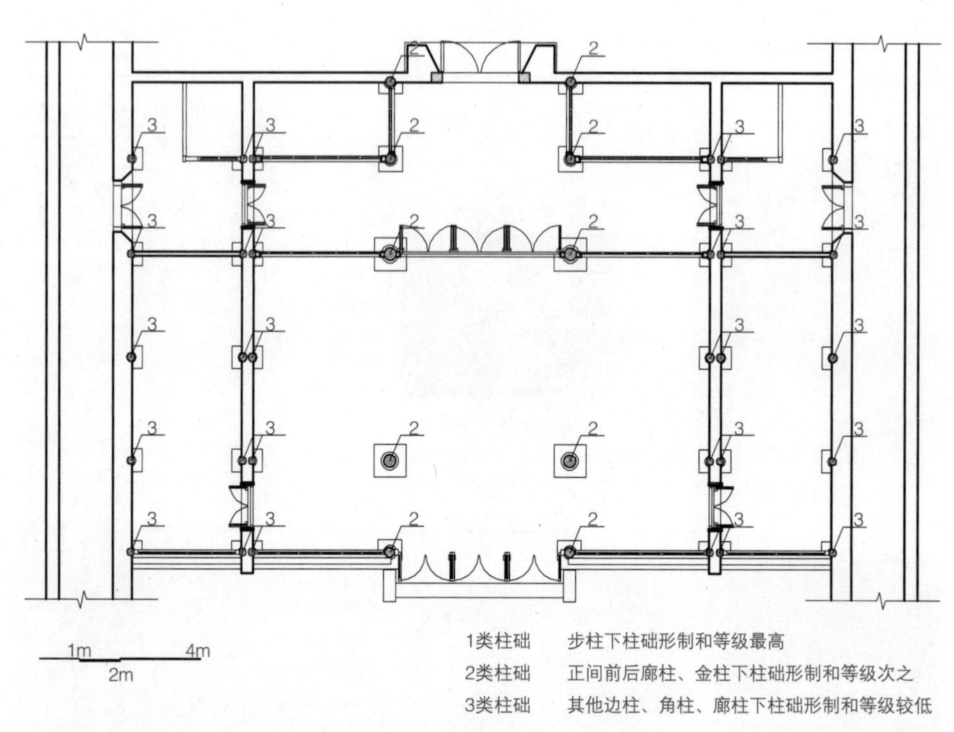

图6-44　柱础等级分布图

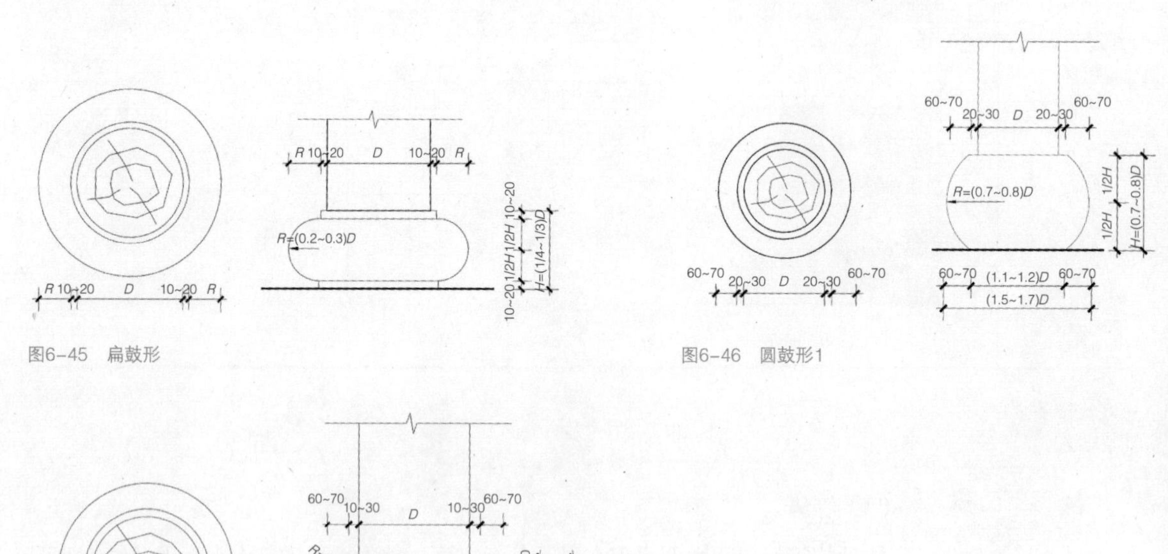

图6-45　扁鼓形

图6-46　圆鼓形1

图6-47　圆鼓形2

3．石库门构件

苏州传统民居中石库门较常见，但有雕刻的石头构件在大门中应用较少。石库门按照构造可以分成三部分，从上往下依次为门头、门洞、台基。

（1）门头

门头即石库门的上部，主要的石质构件由门楣和过梁两部分组成。门楣即门框上沿，其中有的线刻出一块石匾，门楣上有时浮雕门簪。过梁是架在门洞之上的水平构件，常用线刻或浅浮雕形式，纹样以动物和植物纹样为主。

（2）门洞

门洞包括门框、门槛和勒脚。门框由条石组成，有的还设有门套。苏州传统民居中石门槛并不常见，偶有之则通常与门框两侧的石质余塞板相连。勒脚即石库门最下层的矮平线脚，起到立面防潮的作用，雕刻纹样也以植物纹样为主。

（3）台基

台基可分为平台式和台阶式两种，常见的为平台式。平台式台基高出地面寸许，通常由一整块石料铺设而成；台阶式台基多用于形制等级较高的石库门。

石过梁雕刻案例 表6-18

	线刻	高浮雕
例一	 苏州东山遂高堂	 苏州东山明善堂
例二		 苏州东山明善堂

4. 墙身构件

苏州传统民居的石雕常应用于墙身的构件有勒脚、地栿。

（1）勒脚

勒脚即较高的石墙基，起到防潮和立面装饰的作用。雕刻工艺有线刻（图6-48）、浅浮雕和高浮雕（图6-49），题材以动物和植物纹样居多。

（2）地栿

地栿是墙体最下层的线脚，高度较勒脚矮，有时可与勒脚连作。地栿雕刻以线刻和浮雕为主，题材多为祥禽瑞兽（图6-50）。

图6-48　苏州东山明善堂线刻勒脚

图6-50　东北街138号浅浮雕地栿

图6-49　苏州东山明善堂高浮雕勒脚

三、石雕特征总结

苏州传统民居石雕特征可以总结为：动植浮雕抱鼓石，砷石基础有须弥；明青清黄判础式，明扁清高样式多；库门石楣线雕匾，过梁浮刻喜登枝；地栿祥瑞卷草式，墙身题材亦动植。

第七章

油漆彩画

第一节 油漆

苏州地处长江南岸，雨水多，空气潮湿，木结构易腐烂生白蚁。油漆是一种传统的、必不可少的保护木制品的措施。苏州传统民居所用的油漆，种类繁多而工艺精细。

一、油漆的原材料、种类与应用

油漆原材料最主要的是桐油和生漆两类。桐油是通过压榨桐树果实、加工获得的植物油，具有干燥快、耐高温、耐腐蚀的作用。生漆是从漆树上采割的乳白色胶状液体，干燥后形成褐色的漆膜，起到保护木制品的功效，保护效果优于桐油。

苏州传统民居主要油漆应用 表7–1

种类	原材料	应用部位
退光漆	生漆、桐油	厅堂的柱，大门，高等级大厅的屏门、匾额等
明光漆	生漆、桐油	建筑露明大木构架、木地面、木墙面、木墙裙与装折等
楷漆	生漆	高等级硬木所制装折
混水光油	桐油	建筑露明大木构架、木地面、木墙面、木墙裙与装折等
清水光油	桐油	包含以上木构件以及厅堂草架内大木构件（不需上色）

二、油漆的颜色

苏州传统建筑油漆颜色没有非常精确的标准，传统上把民居的油漆颜色统称“荸荠色”，意思是接近于荸荠的颜色；也有称之“枣红色”的，指接近红枣的颜色。实际上，油漆的颜色从开始涂刷到最终固定还需要一定的时间，因此，最终的颜色偏差较大，从而造成很多建筑的油漆颜色不一，五花八门。为了便于把握好油漆颜色，经过多处取样比较，现特从中国建筑色卡国标中撷取两种与传统民居木构件主流颜色最为相近似的颜色作为色样。

苏州传统民居油漆样色（推荐） 表7-2

出处	编号	色样
中国建筑色卡国家标准	1073 7.5R3/4.8	
中国建筑色卡国家标准	1684 10R4.1/6.5	

三、油漆基本工艺

从反映木材纹理效果的角度区分，油漆有清水和混水两种。清水油漆是指做完油漆还可以看到木材的纹理，一般用在质地优良、美观、比较考究的木材上面，如柚木等。混水油漆是指做完油漆完全看不到木材纹理的，用在普通木材上，如杉木等。

从施工的工序区分，油漆又分为底漆和面漆。底漆是为了解决基层的平整度，而面漆则是保护木材表面。

苏州传统民居油漆的材料与工艺 表7-3

名称		主材	施工工艺	辅料
油	混水光油	光油	1. 扒缝：将突出木构表面的木丝砍净，将裂缝扒开，挠净 2. 填缝：修整裂缝，用小木料嵌缝 3. 批腻子 4. 底漆 5. 打磨 6. 糙油1～2遍 7. 光油3～5遍	猪血、豆腐、银珠、土红、轻煤、松香水、黄丹
	清水光油	光油	1. 扒缝 2. 填缝 3. 面漆 4. 打磨 5. 光油3～5遍	

续表

名称		主材	施工工艺	辅料
漆	广漆	生漆、光油	1. 表面处理 2. 刷涂染料水色 3. 批腻子 4. 打磨 5. 光油3～5遍 6. 刷涂染料豆腐色 7. 打磨 8. 广漆1～2遍	
	退光漆	生漆	1. 揎缝 2. 底漆 3. 地仗（一麻五灰等） 4. 面漆2～3遍	
	楷漆	生漆	1. 揎缝 2. 底漆 3. 打磨 4. 捉色 5. 生漆一遍 6. 面漆 7. 打磨 8. 重复工序5～7，五至六遍 9. 面漆3～4遍	

第二节 彩画

一、彩画的原材料

苏州传统民居中，彩画原材料主要可分为无机矿物和有机植物等两大类。其中，明代用矿物类如各种石粉较多，色系偏白、偏暖；清代用蓝绿等冷色较多，且多为植物类，易氧化而变深、变暗。

苏州传统民居彩画颜料　　表7-4

颜料 色系	矿物质颜料	植物质颜料
白色系	钛白粉、铅白、锌钡白	—
红色系	银朱、章丹、氧化铁红、丹砂、紫矿、赭石	胭脂
黄色系	石黄、铬黄、雄黄、雌黄、黄土	藤黄
蓝色系	群青、石青、普蓝、花青	—
绿色系	砂绿、石绿、洋绿	—
金色系	金线	—

二、彩画的布局

苏州传统民居中，彩画有满施和多种局部施画方式，一般应是因主人的身份、经济实力、建筑的等级与质量档次，还有礼仪秩序等因素的综合考虑而决定方式选择。从等级角度，主要有以下几组选择（各组内顺序由低到高）：（1）“间”顺序：正间，正间+次间，正间+次间+梢间；（2）“桁”顺序：正桁，正桁+金

桁，正桁+金桁+边桁；（3）“梁”顺序：月梁+梁垫+山界梁，月梁+梁垫+山界梁+童柱+山雾云。圆作梁一般不施彩画。轩随所在“间”，椽在满施情况下施画松纹。

几种基本布局：（1）正间：正桁+梁，正、金桁+梁，正、金、边桁+梁；（2）正间+次间：正桁+梁，正、金桁+梁，正、金、边桁+梁；（3）正间+次间+稍间：正、金、边桁+梁+椽。其中正间施画正桁+月梁、山界梁是最简布局，稍正规的厅堂最低是此式样。

三、彩画的样式和特征

苏州传统民居彩画样式特征　　表7-5

			明式	清式
主要特征图案			必定胜天（毛笔、金锭、三叠方胜、云纹），方格网式、套方格式、方格套米字格包袱锦、龟背式	必定胜天（毛笔、金锭、三叠方胜、云纹），锦绣、金钱、动植物
位置	桁（檩）、月梁、枋、斗栱	中段施	包袱锦式，正间正桁中间朝下部位饰“必定胜天”图案，偶有次间正桁上也饰“必定胜天”图案	
		中段和两端施	中段：包袱锦式，正间正桁中间朝下部位饰“必定胜天”图案，偶有次间正桁上也饰“必定胜天”图案； 两端：如意头、西番莲、套环等自由图案，也有方形的四出十字别的图案	
		满施	中段：包袱锦式，正间正桁中间朝下部位饰“必定胜天”图案，各间正桁上多饰“必定胜天”图案； 两端：如意头、西番莲、套环等自由图案，也有方形的四出十字别的图案； 其余部分：均为卷草花纹	
	椽	满施	松纹式	

注：1．太平天国时期彩绘图案大多有戏文。

2．必定胜天（毛笔—读书、金锭—富裕、三叠方胜—吉祥、云纹—和谐）。

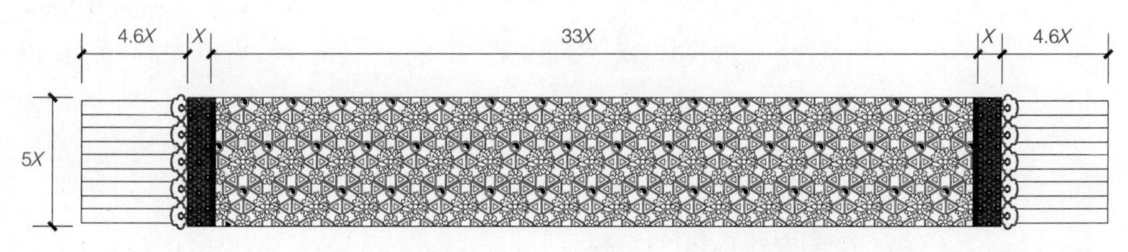

图7-1　正间金桁彩绘示意图

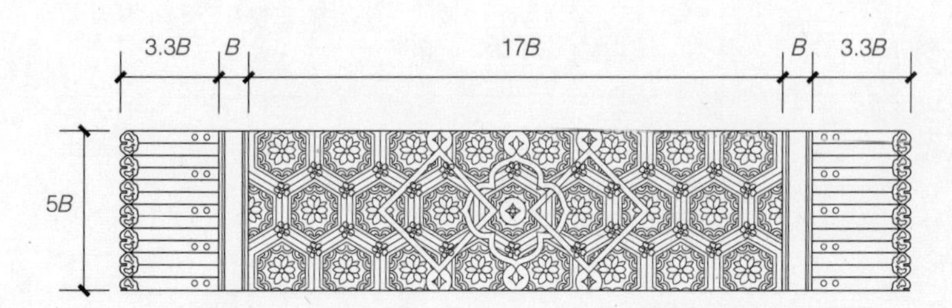

图7-2　次间脊桁彩绘示意图

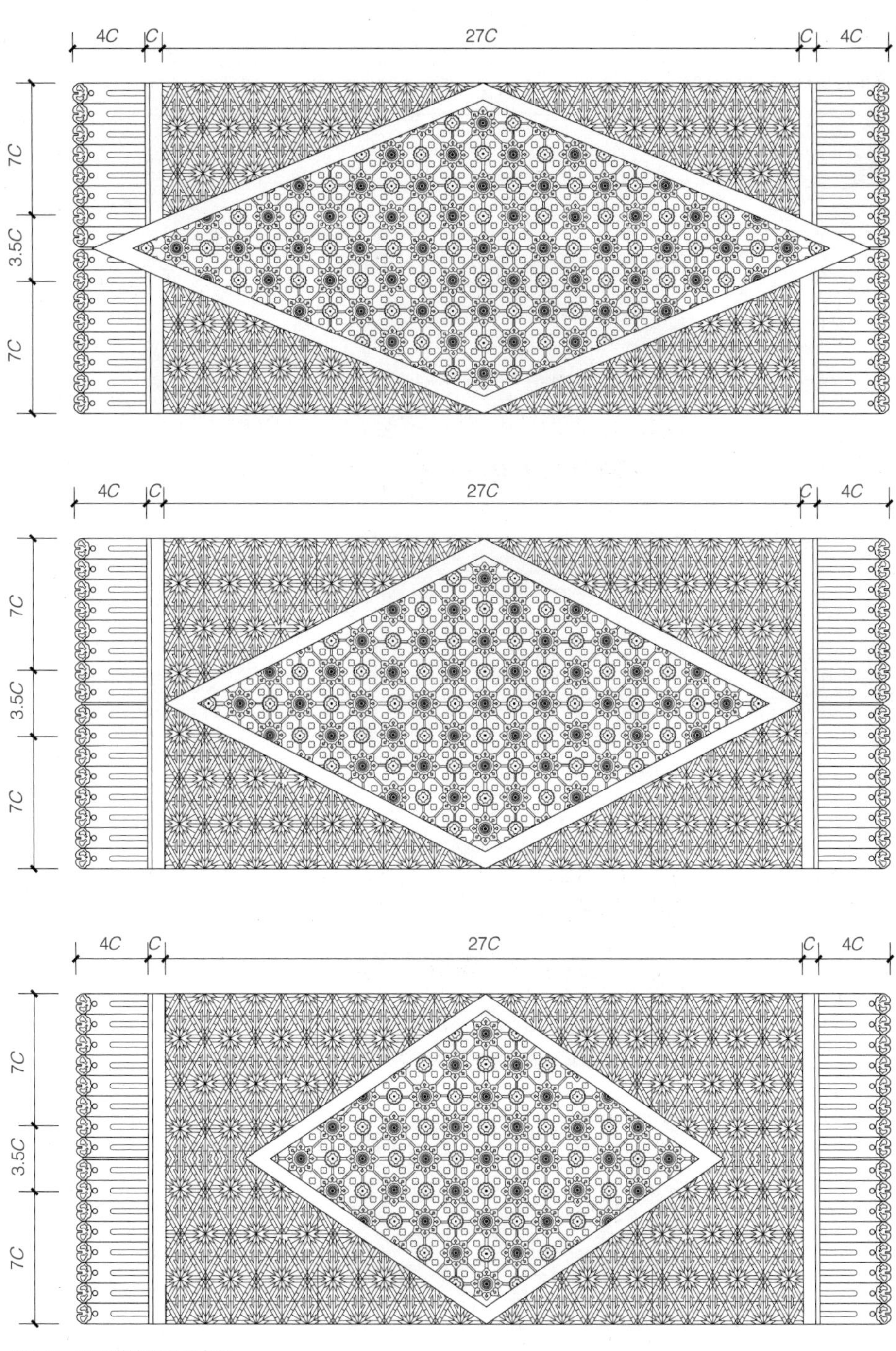

图7-3　月梁彩绘展开示意图

四、彩画实物案例

苏州传统民居彩画实例 表7-6

构件	主流朝代	照片	部位	特征		
				形式	图案	色系
梁	明式		大厅正贴内四界大梁、山界梁	包袱锦、箍头	套方格式、方格套米字格	白色系和红色系为主，蓝色系
			大厅边贴	川、楣板、夹底，满施	方格网式	
	清式（太平天国时期）		大厅正贴内四界大梁、山界梁	山界梁：包袱锦大梁：箍头、藻头和枋心	动植物	白色系、红色系、黄色系，较多蓝色系
			大厅边贴	川：满施夹底：藻头、枋心	动植物	

续表

构件	主流朝代	照片	部位	特征		
				形式	图案	色系
桁	明式		正间脊桁	长度为正间开间宽度×0.6	必定胜天（此时以包袱底为天）	
			正间金桁	长度为正间开间×0.6	龟背式	
			次间正桁	长度为次间开间×0.45，或者正间彩绘长度×0.6	金双钱（异形必定胜天）	
			次间步桁	长度为次间开间×0.45，或者正间彩绘长度×0.6	方格套米字格	
	清式	 	正间正桁	长度为正间开间宽度×0.4	富贵长寿	

第八章

材料工艺

本章根据苏州传统民居现存建筑可以鉴别确认的内容，结合国家相关规范中对江南古建筑的相关规定，选择与苏州传统民居直接相关的木、砖、瓦、灰、石五类材料进行整合梳理介绍。

第一节 木

传统民居建筑中，木材料通常分为大木用材和装折用材。

一、大木用材

大木用材主要有杉木、松木（少量使用）、榉木、栗木、楠木。

二、装折用材

装折用材主要有樟木、柏木、楠木、银杏木。

木料的材质特点及其在建筑中的适用部位一览表　　表8–1

	材质特点	适用部位
杉木	主干挺拔圆满，材质均匀，强度适中，纹理直，易加工，变形较小，耐腐蚀，抗虫害	柱、桁、枋、望板、椚檐和勒望条
松木	有常绿松和落叶松，纹理清晰，比杉木硬，但防腐、抗虫能力较差，挠度较大，易变形开裂，且有渗油现象	草架或轩内部的弯椽与草望板
榉木	材质均匀，坚韧密实，抗冲击，纹理清晰美观，色泽柔和	梁架、转角梁垫、柱眼门木梢
栗木	纹理美观，耐腐蚀、耐磨、耐水，材质强韧、坚硬，加工难度较大	梁架、梁垫等
楠木	材质坚硬耐磨、耐久，色泽淡雅均匀，纹理细腻文雅，质地温润柔和，变形较小，耐腐、耐蛀，遇冷凝水会有阵阵幽香，而且较易加工	民居部分装修有采用楠木；楠木做柱、梁只在殿宇及高档厅堂中采用
樟木	树径大，材幅宽；材质细密坚韧，不易折断，无裂纹，而且香气浓郁，可驱虫、防蛀、防霉、杀菌	轩的弯椽及弯件转角和木雕件，如楼梯转角扶手、佛像、美人靠的脚料、花板、斗栱昂等
柏木	树干通直，有芳香，材质优良，纹理细直，耐磨	装修、槛枕、实拼门中的木梢、墙板的插横板，少量用做扁作大梁
银杏木	树干通直，材质优良，纹理细直，光泽较好，易加工，不翘裂，耐腐蚀，易着漆，有特定的药香味，抗虫蛀	在厅堂中用作木装修、地罩、匾额、抱对、招牌及雕刻的夹堂板

第二节 砖

一、古建筑砖料的名称和尺寸

古建筑砖料的名称和尺寸（单位：毫米） 表8-2

名称	主要用途	设计参考与尺寸	原砖尺寸	说明
大砖	砌墙用	280×190×28	280×185×27	
	同上	500×140×50	495×138×49.5	
城砖	同上	190×95 ×20	187×94×18	
	同上	280×140×28	275×138×27.5	
单城砖	同上	210×105	209×105	重750g
行单城砖	同上	200×100×20	198×99×19	重500g
桔瓤砖	砌发卷用			重250g、300g、350g、400g
五斤砖	砌墙用	280×140×28	275×137×27	重1750g
行五斤砖	砌墙用	260×120 250×120	261×118 248×118	重1250g
二斤砖（1kg砖）	砌墙用	240×100×20	234×96×19	重1000g
半黄	砌墙门用		522×272×58	
小半黄	砌墙门用		522×259×55	
十两砖（0.5kg砖）	筑脊用	200×100×20	193×96×19	
六两砖（0.3kg砖）	筑脊用	420×220×50	426×214×49.5	

注：本表摘自《古建筑修建工程施工及验收规范》JGJ 159—2008 附录C 古建筑砖料名称及规格（南方地区）。

二、常用方砖的名称和尺寸

常用方砖的名称和尺寸（单位：毫米） 表8–3

名称	主要用途	设计参考与尺寸	原砖尺寸	说明
正京砖	铺地	600×600×95 550×550×80 500×500×80 660×340×80	605×605×96 550×550×82 495×495×85 665×343×85	
半京砖	同上	600×300×95	605×302×96	
二尺方砖（0.5m方砖）	厅堂铺地	500×500×60	495×495×60	
一尺八寸方砖（0.45m方砖）	同上	440×440×30	440×440×52	
黄道砖	铺砖地、天井、单壁墙		170×74×41 168×80×41 160×72×41 160×69 ×28	
井方黄道砖	同上		184×90×28	

注：本表摘自《古建筑修建工程施工及验收规范》JGJ 159—2008 附录C 古建筑砖料名称及规格（南方地区）。

三、常用望砖的名称和尺寸

常用望砖的名称和尺寸（单位：毫米） 表8–4

名称	主要用途	设计参考与尺寸	原砖尺寸	说明
方望砖	铺椽上	235×235×25	234×234×25	
山东望砖	同上	225×145×22	223×146×22	
八六望砖	同上	210×130×14	206×127×14	
小望砖	同上	200×115×14	198×116×14	

注：本表摘自《古建筑修建工程施工及验收规范》JGJ 159—2008 附录C 古建筑砖料名称及规格（南方地区）。

第三节 瓦

瓦是重要的屋面防水材料，它的出现不仅有效的解决了屋面防水问题，而且板瓦、筒瓦、瓦当、滴水及其与之配套的脊瓦、吻兽等，丰富了建筑造型，形成苏州传统民居所特有的外观特征。板瓦在苏州传统民居中使用率较高，筒瓦在比较重要的建筑中较常用。

常用筒瓦和板瓦（小青瓦）的尺寸（单位：厘米）　　表8-5

名称	筒瓦		板瓦	
	长	宽	长	宽
大号	30.5	16	22.5	22.5
一号	21	13	20	20
二号	19	11	18	18
三号	17	9	16	16
十号	9	7	11	11

第四节 灰

一、灰浆的原材料

灰浆原材料制作方法　　表8-6

名称	制作方法	注意事项
泼灰	在生石灰上反复、均匀地泼洒清水，直至生石灰成为粉状后过筛。	若用于灰土，存放时间不宜超过4天；若用于外墙抹灰，存放时间不宜超过6个月
泼浆灰	将泼灰过细筛后用青浆泼闷15天，白灰与青灰的重量比为100：13	存放期半年，过期一般不能用于室外抹灰
煮浆灰	用生石灰加水搅拌、过筛后发胀而成	不宜用于室外露明处或苫背

二、灰浆的分类

灰浆分类 表8-7

名称		主要用途	说明
麻刀灰	大麻刀灰	苫背：小式石活勾缝	泼浆灰加水或青浆调匀后掺入麻刀搅匀
	中麻刀灰	调脊，筑脊、墙体砌筑抹馅、抹饰墙面和堆抹墙帽	
	小麻刀灰	打点勾缝	麻刀经加工后，长度不超过1.5厘米
有色灰	月白灰	墙面刷浆，布瓦屋顶刷浆	用于墙面刷浆，应过箩，并应掺胶类物质
	生石灰浆	石活灌浆，砖砌体灌浆，内墙刷浆	用于刷浆，应过箩，并应掺胶类物质。用于石活时可不过筛
	熟石灰浆	砌筑灌浆，墁地坐浆，干搓瓦坐浆，内墙刷浆	用于刷浆，应过箩，并应掺胶类物质
油灰		细墁地面砖棱挂灰	可用青灰面代替烟子，用量根据颜色定
麻刀油灰		叠石勾缝、 石活防水勾缝	油灰内掺麻刀，用木棍砸匀
滑秸泥		苫泥背、抹饰墙面	用于抹墙，可将滑秸改为稻草。用于壁画，灰所占比例不宜超过40%，亦可用素泥
桃花浆		砖、石砌体灌浆	白灰浆加黏土浆； 白灰：黏土=3：7或者4：6（体积比）

三、灰浆的配合比

灰浆配合比 表8-8

名称		配合比
麻刀灰	大麻刀灰	灰：麻刀=100：5
	中麻刀灰	灰：麻刀=100：4，（用于抹灰面层时=100：3）
	小麻刀灰	灰：麻刀=100：3

续表

名称		配合比
有色灰	月白灰	白灰浆加少量青灰，白灰：青灰=100：（10～25）
	生石灰浆	生石灰块加水搅成浆状，经细筛过淋后即可使用
	熟石灰浆	泼灰加水搅成稠浆状
油灰		白灰：面粉：烟子：桐油=1：2：（0.5～1）：（2～3），灰内可兑入白矾水
麻刀油灰		油灰：麻=100：（3～5）
滑秸泥		泥：滑秸=100：20（体积比）
桃花浆		白灰：黏土=3：7或4：6（体积比）

四、灰浆的制作要点

灰浆制作要点 表8-9

名称		制作要点
麻刀灰	大麻刀灰	泼浆灰加水或青浆调匀后掺入麻刀搅匀
	中麻刀灰	各种灰浆调匀后掺入麻刀搅匀
	小麻刀灰	调制方法同大麻刀灰，
有色灰	月白灰	用于墙面刷浆，应过箩，并应掺胶类物质
	生石灰浆	用于刷浆，应过箩，并应掺胶类物质。用于石活时可不过筛
	熟石灰浆	用于刷浆，应过箩，并应掺胶类物质
油灰		细白灰粉（过箩）、面粉、烟子（用胶水搅成膏状），加桐油搅匀。
麻刀油灰		油灰内掺麻刀，用木棍砸匀。
滑秸泥		滑秸长度5～6厘米，加水调匀
桃花浆		白灰浆加好黏土浆

第五节 石

建筑石材按其性质主要有花岗石、青白石、汉白玉、青砂石和花斑石。

石材分类及特点用途 表8-10

常见种类	分类				特点	用途
花岗岩	金山石	焦山石	麻石	虎皮石	质地坚硬，不易风化，但石纹粗糙，不易雕刻；呈黄褐色的称为虎皮石	地面、台基、阶条、护岸
青白石	青石	白石	豆瓣绿	艾叶青	质地较硬、质感细腻，不易风化	带雕刻的石活
汉白玉	水白	旱白	雪花白	青白	质感晶莹白洁，质地较软，石纹细腻。但强度和耐风化、耐腐蚀的能力不如青白石	民间只用于室内雕饰点缀，最多仅作金刚佛座
青砂石	砂石				质地细软，较易风化，呈青绿色	一般用于小式建筑
花斑石	五音石	花石板			质地较硬，花纹华丽，呈紫红色或黄褐色，表面有斑纹	铺地等

主要参考文献

[1] 姚承祖原著，张至刚增编，刘敦桢校阅. 营造法原. 北京：中国建筑工业出版社，1986.

[2] 侯洪德，侯肖琪. 图解《营造法原》做法. 北京：中国建筑工业出版社，2014.

[3] 陈从周. 苏州旧住宅. 上海：上海三联书店，2003.

[4] 钱达，雍振华. 苏州民居营建技术. 北京：中国建筑工业出版社，2014.

[5] 徐民苏，詹永伟，梁支厦，任华堃，邵庆. 苏州民居. 北京：中国建筑工业出版社，1991.

[6] 崔晋余. 苏州香山帮建筑. 北京：中国建筑工业出版社，2004.

[7] 竺可桢. 中国近五千年来气候变迁的初步研究. 气象科技资料，1973年S1期.

[8] 罗时进. 明清江南文化型社会的构成. 浙江师范大学学报（社会科学卷），2009年第5期.

[9] 苏州市志编纂委员会. 苏州市志・人口卷. 南京：江苏凤凰科学技术出版社，2014.

[10] 王国平，唐力行. 明清以来苏州社会史碑刻集. 苏州：苏州大学出版社，1998.

[11] 顾炎武，王文楚. 顾炎武全集：肇域志・江南八・苏州府. 上海：上海古籍出版社，2012.

[12] （清）张廷玉. 明史・卷七十一. 北京：中华书局，1970.

[13] （清）嵇璜，刘墉等奉敕撰纪昀等校订. 续通典. 浙江：浙江古籍出版社，2000.

[14] 张英霖. 苏州古城历史地图. 苏州：古吴轩出版社，2004.

[15] 张朋川. 明清书画"中堂"样式的缘起. 文物，2006年第3期.

[16] 王建华. 基于气候条件的江南传统民居应变研究. 杭州：浙江大学，2008.

[17] 金柏松. 东阳木雕的地域文化之缘. 浙江工艺美术，2007年03期.

[18] 古建筑修建工程施工及验收规范JGJ 159—2008. 北京：中国建筑工业出版社，2008.

后记

本书基础是为“苏州历史文化名城保护示范区”相关工作而进行的科研项目中的子课题之一：苏州传统民居研究。从课题启动到完成，历时两年整。

苏州现存传统民居面广量大、类型繁多、全缺有差；关于苏州传统民居的介绍和论述汗牛充栋、览不胜览。为了避免重复前人、找准研究内容和起点、力争系统全面，项目组近二十名成员多方寻览、学研，多次多处现场踏勘、测绘，时逢盛夏，辛劳与汗水，扪心自知。团队心得，奉献于前，对传统民居的保护和利用，希望能少一些谬误、多一点积累、有一点借鉴。

感谢江苏省住房和城乡建设厅副厅长张鑑先生、苏州市科技局并时任局长黄戟先生。他们大力支持本课题的确立，对课题研究工作还提出了重要的指导意见和相关建议。

苏州市文物局热情慷慨地提供了苏州第三次文物普查资料，并为建筑测绘的协调安排给予了大力支持和帮助，这是完成此次研究特别是其中户型分类研究的必要前提。副局长尹占群先生还对研究报告给出了宝贵的具体意见和建议。

东南大学教授朱光亚先生对“前言”中涉及相关史实的表述提出了宝贵的校正性意见和优化建议。

苏州市规划局局长凌鸣先生、苏州市规划院董事长李锋先生，对本项目和团队的各项活动给予了全力支持，作了最好的安排；苏州市规划局原总规划师相秉军先生、总规划师徐克明先生，多次参加了现场勘察、讨论研究，提出意见建议，在此一并致以诚挚谢意。

2016年9月

图书在版编目（CIP）数据

苏州传统民居营造探原／张泉等著．—北京：中国建筑工业出版社，2017.4

ISBN 978-7-112-20615-5

Ⅰ.①苏… Ⅱ.①张… Ⅲ.①民居－建筑艺术－研究－苏州 Ⅳ.①TU241.5

中国版本图书馆CIP数据核字（2017）第063984号

责任编辑：张　明　陆新之
书籍设计：张悟静
技术编辑：孙　梅
责任校对：李欣慰　张　颖

苏州传统民居营造探原
张　泉　俞　娟　谢鸿权　徐永利　薛　东　等著
*
中国建筑工业出版社出版、发行（北京海淀三里河路9号）
各地新华书店、建筑书店经销
北京锋尚制版有限公司制版
北京顺诚彩色印刷有限公司印刷
*
开本：787×1092毫米　1/16　印张：20　字数：347千字
2017年8月第一版　2017年8月第一次印刷
定价：98.00元
ISBN 978－7－112－20615－5
（30255）